水体污染控制与治理科技重大专项"十三五"成果系列丛书

辽河流域水环境治理与水环境管理技术集成与应用
（水环境风险管理技术标志性成果）

流域水环境
累积风险评价及优控污染物筛选

杨 辉 尚彦辰 施 恩／著

LIUYU SHUIHUANJING
LEIJI FENGXIAN PINGJIA JI
YOUKONG WURANWU SHAIXUAN

U0321178

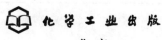

化学工业出版社
·北京·

内 容 简 介

本书共分 6 章，主要介绍水环境累积风险评价理论与方法、水环境累积风险评价指标体系构建与评价方法、辽河流域典型控制单元水环境累积风险评价、辽河流域水环境累积风险趋势预测方法与应用、优控污染物筛选技术、辽河流域典型控制单元优控污染物筛选等，充分结合辽河流域水环境累积风险评价与优控污染物筛选的应用实例。

本书具有较强的技术性和针对性，可供环境工程技术人员、科研人员和管理人员阅读参考，也可供高等学校市政工程、环境工程及相关专业师生学习使用。

图书在版编目（CIP）数据

流域水环境累积风险评价及优控污染物筛选/杨辉，尚彦辰，施恩著. —北京：化学工业出版社，2021.10
ISBN 978-7-122-39715-7

Ⅰ.①流…　Ⅱ.①杨…②尚…③施…　Ⅲ.①流域环境-水环境质量评价②流域环境-水污染防治　Ⅳ.①X824.02②X52

中国版本图书馆 CIP 数据核字（2021）第 161804 号

责任编辑：董　琳　　　　　　　　　　　装帧设计：史利平
责任校对：刘　颖

出版发行：化学工业出版社（北京市东城区青年湖南街 13 号　邮政编码 100011）
印　　装：北京建宏印刷有限公司
787mm×1092mm　1/16　印张 12¼　字数 263 千字　　2021 年 8 月北京第 1 版第 1 次印刷

购书咨询：010-64518888　　　　　　　售后服务：010-64518899
网　　址：http://www.cip.com.cn
凡购买本书，如有缺损质量问题，本社销售中心负责调换。

定　　价：85.00 元　　　　　　　　　　　　　　　　版权所有　违者必究

前　言

　　为解决突出的环境风险问题，我国在建设项目环境风险评价、环境应急预案管理、重点行业环境风险检查与等级划分等方面做了许多工作，特别是环境风险防范已经受到高度重视，《"十三五"生态环境保护规划》提出了实施环境风险全过程管理，系统构建事前严防、事中严管、事后处置的全过程、多层级风险防范体系。

　　2018年，国家设立了"十三五"期间水污染控制与治理科技重大专项"辽河流域水环境管理与水污染治理技术推广应用项目"，面向辽河流域水污染持续治理与水生态环境智能化管理技术需求，系统梳理评估"水专项"辽河流域水污染治理与水环境管理技术成果，紧密结合流域区域治污实践和管理效果，开展辽河流域典型工业废水全过程控制、城镇水污染控制、农村水污染治理、受损水体修复等流域水污染治理关键技术的评估、集成与实证；进行水环境管理技术的集成与验证，研发水资源、水环境、水生态等多维度大数据耦合技术，建立辽河流域水环境综合管理调控平台，并实现业务化运行。

　　本书着重介绍流域水环境累积风险综合评价技术，深入研究流域水环境演变规律、流域水环境风险系统结构、风险作用过程与风险评价结果的相互作用关系，研究流域自然环境与社会经济发展对流域水环境系统演变的驱动机制，形成完善的累积环境风险评价技术体系；完善流域水环境风险级别的划分标准，对流域水环境风险进行定性评价；开展水环境优控污染物筛选技术研究，列出典型控制单元优控污染物清单，为辽河流域的环境管理向风险管理转变提供技术支撑与理论依据。

　　本书具有较强的技术性和针对性，充分结合辽河流域水环境累积风险评价与优控污染物筛选的应用实例，具有一定的实用性。 本书可供环境工程技术人员、科研人员和管理人员参考，也可供高等学校市政工程、环境工程及相关专业师生学习使用。

本书第1章由沈阳建筑大学杨辉执笔，第2章由杨辉、施恩执笔，第3章和第4章由杨辉、尚彦辰执笔，第5章和第6章由杨辉执笔。 全书由杨辉统稿。感谢李亚峰、郭秋岑对本书写作提供的帮助。 本书的出版得到了水体污染控制与治理科技重大专项"辽河流域水环境管理与水污染治理技术推广应用项目辽河流域水环境治理与水环境管理技术集成与应用课题"（2018ZX07601—001）的资助。

由于著者水平及时间有限，书中不妥之处和疏漏之处在所难免，恳请读者不吝指正。

著者
2021 年 4 月

目　录

第1章
水环境累积风险评价理论与方法

河流是人类文明发展的起源，是社会生活和经济发展的主要载体，是生产和生活相对优先选择的地方。河流等水污染的早期原因是人口密集城市的生活污水污染，随着社会工业的发展，工业废水污染也逐渐成为水污染的原因之一。经统计，2012～2017 年我国水污染事故发生 561 起，未来水污染事故依然会处于一个高发状态。辽河作为我国七大河流域之一，既承担着流域地区繁重的水资源供给任务，也是流域内大量污染物的收纳处。随着各类污染物的大量排入，使辽河水环境质量更加恶劣，根据《2019 中国生态环境状况公报》显示，辽河干流 104 个检测断面中，V 类及以下水质占比仍超过 30%，水环境污染压力极大。辽宁省作为振兴东北老工业基地的龙头，相较于流域内其他省份，经济和社会发展速度更快，重化工企业更加发达，因此更容易发生水污染事故。辽宁省位于辽河流域的下游，其承受水污染压力更大，为有效地规避和预防水环境事故可能对辽宁地区的社会生活产生不良影响，需要进行水环境风险评价。

最早的水环境风险评价始于 20 世纪 30 年代，主要是针对有毒物质对人体健康的影响风险进行定性分析。20 世纪 90 年代开始，环境风险评价逐渐完善。随着环境风险评价的不断发展，针对单一源的健康风险评价已经不能满足社会的需要，进而逐步转向对多源的、多受体的生态风险评价。评价也从单一的风险源识别与危险物评价逐渐转变为以环境保护为目的的多源风险评价。"十二五"以来，我国将水环境风险评价作为水环境保护工作的重要任务。

水环境风险评价分为突发风险评价和累积风险评价。突发风险主要指突发事故对环境和人群产生的危害行为，突发风险评价主要针对单一源、单一途径的风险评价。累积风险从空间上考虑可定义为流域内多个压力源的综合暴露的组合风险，从时间上可定义为区域污染物随着时间不断积累所带来的风险，随着水环境风险评价的重点逐渐由单源转向多源、单途径转向多途径，水环境累积风险评价逐渐成为研究的重点。水环境累积风险主要受自然、社会和一些不确定因素的影响，最终导致累积风险的出现，因此水环境累积风险评价需要考虑风险源种类繁多，空间分布复杂，且容易受上下游累积传输物质的影响等问题。综合分析，由于水环境累积风险源的多样性和分布不均匀的特性，使得水环境系统本身就非常复杂，同时表征为多风险来源、多暴露途径、影响范围广并且影响时间较长。水环境累积风险事故发生不是突然的，但在事故发生前人们往往会忽视各风险源之间的相互作用和风险的发生还会有一定的滞后性导致的累积性影响。

虽然我国整体水环境风险评价和管理体系已日趋成熟，但是水环境累积风险评价研究依旧处于起步时期，缺乏实际案例的分析研究，数据统计不完全，所以没有得出准确的评价指标阈值，因此在细化制定水环境累积风险环境问题的管理条例方面至今仍未有太大进展。水环境风险管理对象大多还是针对风险源方面，忽略了整体人与自然相互作用的关系，所以应从整体的环境系统内因果关系出发，对水环境累积风险进行评价。在风险管理人员方面，大多数的思维还是固化以风险事故的严重性为主，但是过度强调风险事故的严重性，忽视水环境的风险变化情况是不可取的，所以应根据水环境风险现状对水环境累积风险进行预测。

对水环境累积风险进行评价与预测，可以对风险源进行有效的评估，从而从源头控制水环境累积风险；建立健全的监管体系可以降低累积风险事故发生的可能性；提高区域的环保响应能力，减少累积风险事故发生后的危害，提高水环境风险应急与防范能力。

1.1　水环境累积风险评价理论

1.1.1　水环境累积风险安全理论

水环境累积风险问题是一种由人类活动对环境产生影响，并在时空中产生累积，进而引发环境变化的环境问题，对社会的影响较大。水环境累积风险评价一直都是非常繁杂的过程，主要是因为累积风险的风险源分布广、受体影响难以估量、影响途径复杂。水环境累积风险评价需要考虑风险的各个层面，确定适当的评价流程和方法。

本研究提出基于安全理论的水环境累积风险评价。卢曼认为人类在社会和环境这个复杂的风险系统中追求的最终目标就是"安全"。安全事故是一系列事故情况相互作用而产生的结果，降低安全风险较为重要的方面就是减少人类可能会产生的危险行为。随着环境风险事故的频发，安全评价理论逐步应用在环境事故风险的评价方面，如 Dow's 法评价火灾爆炸可能的风险，MOND 火灾、爆炸、毒性评价方法，日本针对化工企业的安全评价六步法等。为了降低安全风险，Lingard 等对安全理论进行总结，提出了安全风险评价的一系列流程，即首先识别风险源，之后建立评价体系、确评价标准，最后对影响因素进行排查和管理，以达到改善安全状况的目的。对于水环境安全的研究一般包括以下 3 方面。

① 自然属性层面

即影响水环境安全的风险源来自自然界本身，如水资源分布不均导致的旱涝问题。

② 社会属性层面

即影响水环境安全的风险来自社会的发展和人类的活动，如社会的发展和人口的增加导致用水量的增加。

③ 人文属性层面

即影响水环境安全的风险来自人类的过度破坏，如超过污水环境承载力排放，过度开发水环境资源等问题。

经过多年的发展，水环境累积风险评价研究已形成了一定的评估程序。1983 年美国国家科学院（USNAS）提出风险管理评价程序，由危险源识别、剂量与影响分析、暴露性评价和风险特征四部分组成，在当时的西方国家中广泛使用。秦延文等考虑到累积性环境风险具有累积性、持久性与慢性毒性等特点，借鉴美国国家环境保护局（EPA）生态风险发布的《生态风险评估框架》和《生态风险评估导则》，初步构建流域水体累积风险评估流程。该评估流程主要包括问题形成阶段、问题分析阶段和风险表征三个阶段。在问题形成阶段，首先确定完成评估的细节和所需的信息资料，初步鉴别出需考虑的关键因素，筛选出风险污染物，查明研究区域生态系统组成（以便了解研究区域中优势物种、代表性物种以及需要特别保护的物种），确定效应终点，构建概念模型并制定分析计划。问题分析阶段主要包括暴露表征和生态效应表征两项基本活动。一般而言，暴露表征数据可以来自现场监测数据，也可以是根据模型推导出的数据；生态效应表征的数据主要源于美国 EPA 毒理数据库。风险表征是生态风险评估的最后阶段，根据分析阶段获得的结果进行风险估计，并研究风险评估中的不确定性。

水环境累积风险评价将安全理论和累积风险评价相结合，在注重人类和环境的安全性的基础上，从现实状态的角度出发，通过评价结果为水环境的安全管理提供依据。同时还要考虑时间上的滞后性，对累积风险进行预测，防控风险事故的发生，保证人类和水环境的安全。

1.1.2 水环境累积风险评价流程

根据累积性环境风险评价流程和安全理论的评价过程，将水环境累积风险评价分为规划与问题分析、风险分析、风险表征 3 个阶段。

（1）规划与问题分析阶段

该阶段主要确定水环境累积风险的风险源、影响范围、受影响的相关者、管理方法、问题关注点等方面。按照上述问题分析构建累积性水环境风险评价体系，最终结合多年数据形成评价体系数据库。

（2）风险分析阶段

该阶段考虑风险源的状态，受体的脆弱性和风险暴露的途径之间的相互作用，开展风险源分析、受体的脆弱性分析和暴露过程管理。结合一些已有的研究成果，对已有指标进行分级和确定权重，以体现各个指标对水环境累积风险的影响。

（3）风险表征阶段

风险表征是对累积风险进行定性或定量分析，评价并预测水环境累积风险的变化。通过风险表征，确定风险水平及影响较大的因素，最终实现对水环境累积风险进行管控。

1.2 水环境累积风险评价方法

整理多年的累积风险评价的文献发现，水环境风险评价的方法有很多，每种方法都有其独有的特点，根据是否量化分析可以分为定性和定量两类，主要以定量评价为主。常用的定量评价方法包括概率风险评价法、指数评价法、风险熵值评价法、贝叶斯网络分析法、模糊综合法和灰色关联度分析法。查阅文献整理得到水环境风险评价技术见附录。

1.2.1 概率风险评价法

概率风险评价法是计算风险发生概率的数学方法，该方法适用于已知风险源发生概率的情况下对水环境进行风险评估，如大型风险源的安全评价。该方法可以较为准确地计算出发生风险的概率，还可以确定影响较大的风险源，但是该方法在计算前需有一定的假设和准确合理的数据。对于影响因素较多的复杂环境系统，应用概率风险评价法难以做出科学的评价，评价结果较差。Bianchi 等应用概率风险评价法对地下水系统特征存在不确定性情况的意大利北部地区的天然泉水进行风险评估。Lao Wenjian 将氟虫腈作为降解产物的代替物，基于概率风险方法揭示了其对洛杉矶河、圣加布里埃尔河和圣克拉拉河的风险等级。Rico Andreu 等研究杀虫剂毒死蜱（CPF）对伊比利亚地表水生态系统的影响，并进行了概率风险评估。

1.2.2　指数评价法

指数评价法由水体质量评价指数发展形成，是一种常用的环境评价方法。该方法具有简便易懂，操作方便的特点。但是，应用指数评价法计算最终的风险等级，不能准确表征各个风险等级的所属关系。

指数评价法主要分为单因子评价和多因子评价。所谓单因子就是只考虑单一因素对环境的影响，但是随着人类改变环境的能力变强，单独的因素已经不能准确地评价环境风险，所以引入了多因子指数法。

多因子指数评价法在环境风险评价的过程中较为常见，该方法首先是对风险源、受体、管理等指标进行定量的分析和计算，确定最终量化后的分值，然后计算整体风险等级，计算过程中常用的方法有均值法和加权法。多因子指数评价方法经过多年的发展已经比较完善，在水环境风险评价中有较多的使用。裴晓龙等对陕西省地表水进行评价，确定水环境质量指数分级并对其适用性进行研究。康亚茹等对辽河口潮滩湿地的生态健康风险进行评估，筛选出 15 个评价指标，建立生态健康风险评价体系。庞文博等针对天津近岸海域富营养化问题进行风险评估，构建基于 PSR 模型的富营养化评价指标体系，并对各项指标进行赋权，最后采用综合指数法确定富营养化水平。罗昊等针对珠江流域的流溪河地区进行评估，建立了有 16 项底层指标的流域水环境累积风险评估综合指标体系，同时还使用突变理论量化表征累积性环境风险影响。Wang 等提出基于流域控制单元的水环境累积性环境风险评价研究，并针对太湖流域进行区域划分和累积性水环境风险评估。

1.2.3　风险熵值评价法

风险熵值评价法是针对地表水污染物对人体造成影响的一种风险评价方法。参照欧盟适用于现有化学物质与新化学物质风险评价技术指南（TGD）中的效应评价外推法对辽河表层水体中邻苯二甲酸酯类（PAEs）和苯酚类污染物进行环境风险评价。在环境风险评价中，常用的指标有环境暴露浓度（environmental exposure concentration，EEC）和预测无效应浓度（predicted no effect concentration，PNEC），PNEC 需根据毒性数据中无观察效应浓度（no observed effect concentration，NOEC）、半致死浓度（lethal concentration 50，LC_{50}）和半效应浓度（concentration for 50% of maximal effect，EC_{50}）获得。围绕 PNEC 的评估，环境风险评价方法主要分为：以单物种测试为基础的外推法，以多物种测试为基础的微、中宇宙法，以种群或生态系统为基础的环境风险模型法。刘莹等应用风险熵评价了入湖河流中重金属的风险等级，结果表明，Cr^{6+}、Pb 和 As 的风险较低，而 Cd 有一定的风险。刘莹、董文平等针对流溪河中雌激素活性的风险进行分析，结果表明，流溪河中下游雌激素活性的风险熵值（RQ 值）大于 1，风险较高。

风险熵值评价法仅用于单一污染物，且计算 PNEC 时，应满足生态系统的敏感性，由生态系统中的最敏感物种表征。

1.2.4 贝叶斯网络分析法

贝叶斯网络分析法是一种可以根据部分已知信息对整体做出一定有效判断的方法，是一种推断不确定事件的有效方法。贝叶斯网络是一个由较多节点和有向边构成无环有向图形，每一个节点都是一个随机变量，有向边体现了节点间的关系，通过计算条件概率得出结果。Liu Jing 等应用贝叶斯网络对东江下游流域 24 个危险子流域 76 家电镀企业的 Cr^{6+}、Hg^{2+} 急性混合污染事故进行风险评价，结果表明，9 个小流域具有较高的生态风险。田五六等提出了一种基于贝叶斯网络的桥区水域风险评价模型，以东海大桥为例，研究了环境风险状态。王运鑫等应用模糊贝叶斯网络对黄河兰州段的突发水污染事故风险进行评价。

应用贝叶斯网络分析法可以从不完全的信息中做出一定合理的推测，但是对于起始点需要判断先验概率，而该概率往往是一个假定值，所以有可能会导致预测效果不好。

1.2.5 模糊综合法

模糊综合法是一种基于模糊数学的评价方法。在 1965 年首次由 Zadeh 提出了模糊数学的概念。因为生活中有很多的模糊现象需要用模糊数学进行考量和分析，所以模糊数学得到了持续而长久的发展。模糊综合评价主要由数据隶属度确定、权重分配和模糊评价构成，通过分析数据的隶属度可以将模糊的数据规定到一个可以定量表述的范围，即对一个抽象的事物做出定量的评价，该方法可以将难以量化表示的事物进行定量分析，避免主观化评价，同时整体指标间有较强的关联性，当指标数据较少时仍然可以较好地得出结论。Chunfang Li 等采用改进的模糊综合评价法对龙口典型污灌区重金属污染状况进行评价，结果表明，城市工业用地和矿业用地风险较高。Jiaying Wang 等对水体中的铁风险进行了评价，通过分析水系统中不同的水质因素，建立了铁稳定风险评价体系；同时，建立了一种改进的模糊综合评价方法，对铁的风险进行了评价。刘杨华等基于模糊综合法对松江流域突发风险源进行风险评估，确定风险源等级。

模糊综合法在评价时是与自身的内部数据进行对比，从而得出分级，再经过权重的分配，得出最终的评价结果，是一种考虑多方面因素的综合评价方法，在水环境风险评价中有较好的应用。应用模糊综合法时，对部分指标的分级和隶属度较为不易确定。

1.2.6　灰色关联度分析法

灰色关联度分析法（grey relational analysis）是灰色系统分析方法的一种。该方法是根据因素之间发展趋势的相似或相异程度，亦即"灰色关联度"，作为衡量因素间关联程度的一种方法。灰色系统理论提出了对各子系统进行灰色关联度分析的概念，意图透过一定的方法，去寻求系统中各子系统（或因素）之间的数值关系。因此，灰色关联度分析对于一个系统发展变化态势提供了量化的度量，非常适合动态历程分析。

灰色关联分析是按发展趋势做分析，对样本量的多少没有要求，也不需要典型的分布规律，而且计算量比较小，其结果与定性分析结果比较吻合。因此，灰色关联分析是系统分析中比较简单、可靠的一种分析方法。

灰色关联分析法是借助于灰色关联度模型来完成计算分析工作的，目前已经建立起来的一些计算灰色关联度的量化模型都有各自的优点和适用范围。现有的一些模型存在着不足之处，随着灰色关联分析理论应用领域的不断扩大，不能很好地解决某些方面的实际问题。灰色关联分析整个理论体系目前还不够完善，其应用受到了限制。因此，灰色关联分析模型及应用的研究工作者不断地对灰色关联分析模型进行改进和完善，针对其中的几个量化模型做进一步的改进工作，使其尽量地克服自身存在的不足，以期扩大灰色关联理论与方法的适用范围，使之更加适合于现实问题的分析。张二丽等针对东风渠的水质进行分析，基于灰色理论选取 pH 值、氨氮、总磷三项指标进行分析，分别建立灰色 GM（1,1）模型，对水环境风险进行预测。李颖慧基于 GM（1,1）模型对三峡水库的污染排放风险进行预测和分析，结果表明，生活污水排放量持续上升，其他有一定下降。张祚等通过构建武汉市水环境风险指标体系，综合运用灰色评价法对武汉市水环境总体风险及其形成原因和结果表现进行评价，结果表明，武汉市水环境风险总体处于高风险，对社会发展有一定负面影响。

总结 6 种评价方法优缺点见表 1-1。

表 1-1   6 种评价方法优缺点

名称	优点	缺点
概率风险评价法	评价方法简便、结果直观	需要合理的假设、复杂环境系统应用较差
指数评价法	适用范围广、评价方法简单	不能很好地表征各个风险等级的所属关系
风险熵值评价法	评价结构严谨、客观准确	仅针对有毒有害污染物,存在局限性
贝叶斯网络分析法	适用于已知因素较少系统	需要判断先验概率、对于输入数据较敏感
模糊综合法	适应范围广、有较强关联性	评价因素的等级划分和隶属度函数不易确定
灰色关联度分析法	样本需求量少,不需要典型的分布规律,计算量比较小	模型性能统一,针对不同数值,环境存在不同分析结果

水环境本身具有河流交汇、水网复杂的特点,水环境累积风险受到自然环境和社会环境等方面的影响,具有较大的模糊性,其风险状态难以确定。水环境累积风险造成影响的环境信息和社会信息收集存在定性指标和定量指标,难以统一标准,有一定的不确定性。考虑到上述情况,发现模糊综合评价法对水环境累积风险进行评估远比定性分析法有优势。同时,模糊综合评价法是一种基于模糊数学隶属度原理的评价方法,该方法不但可以用明确的数值体现风险状态,还可以用这个数值反映水环境风险本身具有的不确定性和水环境连续变化情况。因此,选择模糊综合评价法作为水环境累积风险的评价方法。

1.3 水环境累积风险预测方法

最早的环境风险评价始于 20 世纪 30 年代,主要是针对有毒物质对人体健康的影响风险进行定性分析,直到 60 年代才有部分的定量分析出现。30～70 年代正值西方国家的环境情况遭到了前所未有的挑战,单纯的环境治理已经不能满足社会发展的需求,因此推动了环境风险评价研究的形成。90 年代起,随着计算机技术的发展,有学者将数值模型与水环境现状相结合对水环境进行预测。1996 年 Rivera 等应用数值模拟的方法,对德国受放射性污染的地下水污染情况进行预测。Islam M 等通过建立地下水污染物转移模型,对圣保罗地区的地下水污染进行规律预测。

进入 21 世纪,水环境预测模型逐渐得到完善,包括混合单元系统(MCS)水质模型、CE-QUAL-W2 模型、RWQM1 水质模型等。MCS 水质模型是通过对物质的传输原理进行分析,从而实现水质的预测。CE-QUAL-W2 模型是通过数值的输入,分析与预测 21 种水质成分。RWQM1 模型是反映水质变化情况的基本模型,与活性污泥预测模型相容性较好。

　　上述模型需要准确的输入值，相比而言，预测模型在输入数据方面要求更加宽泛，但同时也具有不唯一结果。总结发现，针对水环境风险预测的方法有很多，主要包括时间序列预测法、灰色预测法、人工神经网络法、回归分析法、组合预测模型法。一般的预测都是通过分析历史数据，得出风险值，通过研究数据的内在联系和演变趋势，建立预测模型。

1.3.1　时间序列预测法

　　时间序列预测法的基本原理是认为事物是持续发展的，可以对过去的数据进行分析，预测出未来的趋势，同时考虑随机因素，分析大量的历史数据，达到消除对预测结果误差的影响。时间序列预测方法是一种线性分析能力较强的预测模型。

　　常用的时序性模型有自回归滑动平均（ARMA）模型和差分整合移动平均自回归（ARIMA）模型。对于平稳的数据序列，一般应用 ARMA 模型；对于波动较大的数据，需要应用 ARIMA 模型进行差分后再预测，通常差分不超过 2 阶。

　　应用时间序列预测方法可以快捷简便地得出预测结果，同时结果有较好的精度。但是，该方法较难反映影响因素间的关系，受到自然扰动的干扰较大，不适合进行长期的预测。李海福运用 ARIMA 模型探讨了自然和人为多因素耦合作用下潮滩空间结构的生态稳定性，明确了关键驱动因子，预测了辽河口湿地潮滩未来发展趋势。

1.3.2　灰色预测法

　　灰色预测法是将数据集按照一定的方式构成一定的白色模块，这些模块可以是动态的、也可以是非动态的，通过某种方法计算出未来的灰色模型。灰色预测法的特点是预测的输入不再是原数据集而是白色模块。核心的灰色模型是对原数据集进行分析，得到有一定指数规律的数据集后再构建模型。

　　灰色预测法的主要优点是当统计数据不足时也可以有较好的预测效果，应用微分方程可以深入发现原数据集的内在联系，可以不分析数据的分布和变化规律。灰色预测法对指数型的预测较好，对于波动性较强的源数据预测效果较差。

1.3.3　人工神经网络法

　　人工神经网络法是 20 世纪 80 年代中期兴起的前沿研究领域。所谓人工神经网络是人脑的一种物理抽象、简化与模拟，是由大量人工神经元广泛连接而成的大规模非线性系统。运用人工神经网络进行非线性预测，通过模拟神经元间的数据传递，建立输入与输出间的数据关系。人工神经网络法作为一种非程序化的数据处理方式，其实质就是通过调节神经元之间的阈值，实现数据信息的输入并进行处理。人工神经网络可以通过调整激活函数，实现线性和非线性的预测。

人工神经网络法的优点是计算速度快、拟合效果好、适用于线性和非线性结构，但是人工神经网络在计算时无法主动调节，当处理数据量较大时，容易陷入局部收敛，容错能力较差。苟露峰等应用人工神经网络对海洋生态安全情况的变化趋势进行判断，得出 2012 年生态安全状态已处于临界安全阶段并有继续恶化的趋势。贾宁等应用误差反向传播（BP）神经网络的水质模型进行城市扩张过程对水质的影响预测。

1.3.4 回归分析法

回归分析法是一种通过对大量数据进行整合，利用数学方法建立回归方程，实现预测功能的方法。回归分析法按照变量划分可分为一元回归预测方法和多元回归预测方法，按照回归方程中自变量和因变量的关系可以分为线性回归预测方法和非线性回归预测方法。

回归分析法首先要判断大数据样本适合什么样的回归方程，并确定相应系数，在这个过程中自变量的个数是已知的，若自变量未知，应用回归分析法的效果会较差。

1.3.5 组合预测模型法

组合预测模型法是一种由多个单一的预测模型相互组合的预测方法，每一个预测模型都有自身的特性，在数据分析方面，为了保证预测精度，可能会筛选掉一些与模型原理相悖的数据。由于预测原理和原始数据集的初步处理方法不同，常会导致预测模型的使用条件、预测结果等方面的不同。为了提高预测能力和适应范围，研究人员将一些常用的预测模型结合起来进行预测。

常用的组合预测方法有线性回归法和人工神经网络组合法、时序性预测法和人工神经网络组合法、线性规划和遗传算法组合法、人工神经网络和模糊回归组合法等。不是所有的组合方法都能取得良好的效果，需要经过实际数据检验，选择出最佳的预测方法。

对比三类不同模型发现，线性预测方法中时序性预测模型是更加适合水环境累积风险预测的数学方法，可以准确反映时间变化与累积风险间的相对关系；线性回归方法并不适用于无明确线性关系的预测；非线性预测模型中，灰色预测模型对于变化情况未知的水环境状态预测效果不佳，而人工神经网络预测效果较好。组合预测模型种类较多，结合过程较为复杂，为直观体现出模型间的对比性，选择时序性模型与人工神经网络相结合的组合模型与时序性模型、人工神经网络模型对比，选择出最优预测模型，并对水环境累积风险变化趋势进行预测。

1.4　小结

① 本章主要阐述水环境累积风险评价安全理论与评价流程，介绍水环境累积风险评价主要包括概率风险评价法、指数评价法、风险熵值评价法、贝叶斯网络分析法、模糊综合评价法和灰色关联度分析法，并且分析各种方法原理与特点。

② 水环境风险预测的方法主要包括时间序列预测法、灰色预测法、人工神经网络法、回归分析法、组合预测模型法，对各种预测方法进行原理与特点分析。

第 **2** 章
水环境累积风险评价指标体系构建与评价方法

2.1 水环境累积风险评价指标体系构建概述

2.1.1 指标体系构建原则

水环境累积风险评价研究的第一个基础工作就是对风险进行量化表征，而指标体系则是在时间维度上表现水环境累积风险的数理特性，是一套反映水环境累积风险系统内部联系的集合。水环境问题具有十分繁复的内部联系，因此指标选择应从多方面进行考虑，为了更加准确、科学、系统地构建指标体系，应该依据以下原则。

（1）科学性原则

指标体系的建立要经过科学的分析与论证，每项指标都应有反映事物主体特性的能力。指标体系应符合科学的自然规律和社会规律，科学地构建指标，充分反映区域水环境累积风险特征。

（2）系统性原则

水环境累积风险是涉及社会、生态、环境等多系统的复杂评价过程，指标选择要表现得尽量全面，同时具有代表性，避免重复。指标间应层次明晰，具有合理的结构特征，涵盖系统要全面。

（3）动态性原则

水环境系统是动态性发展的，水环境累积风险评价体系也是在时间维度下进行风险评价。随着技术的不断完善和公众对风险认知的持续提高，构建的指标体系应既能满足现有的评价要求，也能随着研究的深入发展而不断改善，同时具有随时间变化而发生状态改变的能力。

（4）可行性原则

指标体系要考虑数据获取的可行性，保证数据质量。指标应简单易于理解，避免复杂的专业术语给公众理解造成困扰。在评价过程中，难以避免地会遇到定性描述的指标，所以应采取定性和定量评价相结合的方式。针对难以量化的定性指标可采用德尔菲法和社会调查法进行分析。

2.1.2　指标体系构建原理

2.1.2.1　水环境累积风险评价指标体系框架构建

目前，在环境问题分析研究中最常用的模型是分析环境系统内因果关系的压力（P）—状态（S）—响应（R）的模型（PSR 模型）。

PSR 模型在 1979 年由 Rapport 等提出，经过联合国环境署（UNEP）与经济合作与发展组织（OECD）的共同发展，在环境问题研究领域取得了不错的成果，可以切实地反映人与自然相互作用的关系。经过 40 余年的发展，PSR 模型在原有的压力（P）—状态（S）—响应（R）的基础框架上逐渐丰富其内在的逻辑关系，形成了结合影响（I）—驱动力（D）—保障（W）—管理（M）等内部因果联系的 DPSIRWM 模型。该模型主要分析"发生了什么""为什么发生""我们将如何做" 3 个可持续发展的基本问题，为环境管理提供充足的依据。

1993 年欧洲环境署（EEA）提出了 DPSIR 模型，该模型更加完善地反映了人类与环境间的内部联系。随着人类社会的进步，人类已经改变了先污染后治理的老办法，加强了在环境事故发生前的环境管理，引入了环境风险评估的理念，并颁布了一系列的防治政策。为了能更加完善环境问题的反馈机制，故而在 DPSIR 模型的基础上增加管理子系统，反映了人类为减少压力源对环境的影响而提出的一系列管理方法，最终构成驱动力（D）—压力（P）—状态（S）—影响（I）—响应（R）—管理（M）的 DPSIRM 模型。

DPSIRM 模型中驱动力子系统是反映整个系统发生改变的最基本的动力，在环境问题的研究中发现，社会的发展和人口的增长是环境可持续发展过程中的根本驱动力，驱动力子系统因素会对环境系统造成压力；压力子系统反映对整个系统造成不良影响的直接原因，环境问题中常表现为人类对环境造成破坏的行为，如污水直排等，压力子系统会对环境状态造成影响；状态子系统反映该系统所处的现状，在环境问题中常表现为特定地区的环境现状，如水质质量等，状态子系统会对环境产生影响，但环境影响也会反作用于状态因素；影响子系统反映系统中的受体受到压力影响下的改变，环境问题中常表现为人类和生态系统受到影响的情况，在产生影响后，会有一定响应机制抑制影响的产生；响应子系统代表在系统中的受体受到压力影响后的保护和适应变化的机制，环境问题中常表现为有关部门采取的保护措施和适应受污染后的环境的措施，响应机制会抑制影响的产生，同时从根本对驱动力产生作用；管理子系统反映人类为了减少压力源对环境的影响而提出的一系列管理方法，受到其余所有子系统影响，但也会反作用于其他子系统。

水环境累积风险评价 DPSIRM 模型框架如图 2-1 所示。

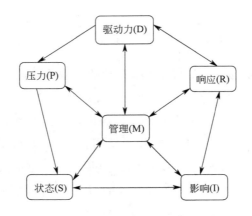

图 2-1   水环境累积风险评价 DPSIRM 模型框架

2.1.2.2   子系统原理分析

DPSIRM 模型确定目标层为水环境累积风险评价，六个准则层为驱动力、压力、状态、影响、响应及管理子系统。

（1）驱动力子系统

根据欧洲环境署（EEA）和《联合国世界水评估计划（WWPA）》报告对驱动力子系统的描述，将驱动力子系统定义为基于社会、人口和经济的发展等因素造成对水环境影响的根本原因。水环境中存在复杂交错的影响关系，最原始的原因就是驱动力。

驱动力子系统主要分为两方面，分别是自然环境方面和社会环境方面。自然环境方面主要是一些可能针对水环境造成影响的非人为控制的自然条件，水环境风险状态主要是水资源量与水资源的循环状态，水资源量较少地区用水问题更加突显。社会环境方面主要是一些与人类相关的活动会对水环境造成影响，如经济发展、人口增长等因素都会直接影响水环境，同时水环境状态也会反映社会经济发展状态。根据环境库兹涅茨（EKC）曲线的描述，当经济水平较低时，环境破坏较轻；随着经济的发展，环境状态会持续变差；当人均 GDP 达到一定水平后会出现拐点，随着人均 GDP 的增加，环境污染状态会下降。在不同的研究区域中，驱动力因素相类似，并没有明显的地域之间的区别。

（2）压力子系统

压力子系统是指人类活动会直接影响水环境的质量、数量及用水方面的最直接的压力因素。压力子系统是在驱动力的影响下直接施于水环境系统的压力，而驱动力多是隐性的，与整体的水环境之间不存在直观的影响因素，这就是两者间的本质区别。

压力子系统的因素多为社会因素，如工业废水、农业用水及生活污水。工业废水的排放量是反应工业生产水平的重要指标，属于第一产业指标；农业用水是反映第二产业性状的指标，如有效灌溉面积、农药使用量都会直接影响水质和水量；生活污水排放量是反映人口对于水环境影响的最直观的指标，生活污水排放量会直接反映人口数量的变化以及用水的情况，用水量的变化会直接影响水环境水量及水质的情况，从而对水环境系统造成压力。

水环境的状态会反映社会对水环境的关注度，不同的社会关注程度会对水环境造成不同的影响。万元 GDP 用水量可以反映第一、第二、第三产业用水与节水程度的相对关系，在寻求经济发展的同时，减少水资源使用量会降低对水环境的风险程度。污水的排放量可以反映水体的循环过程，但污水的排放势必会导致水质下降，提高水环境风险，给整体的水环境带来压力。辽河流域水量分布不均衡，地处辽河中下游地区的辽宁段地表水量少、地下水资源量有限、水资源紧张、水体污染较严重。

（3）状态子系统

状态子系统是在当前的条件下受压力子系统影响的水环境情况或状态，也是人类对水环境关注状态的真实情况。状态子系统是受到驱动力和压力子系统影响的结果，因此水环境的状态子系统涉及的方面较多。水环境状态子系统主要反映水环境水质现状，如果水环境的水质较差，会导致水体的生态系统变得脆弱，进而导致水环境承载力变差；相反，当水环境的水质较好时，水体的生态系统较为健康，可持续利用的空间较大，风险较低，在一段时间内可以承受更多的压力。

人类对水环境的影响是巨大的，状态子系统不仅能够反映水环境的现状，也能够反映人们对水环境的关注状态，随着公众和媒体对水环境问题更加关注，水环境污染事故也被陆续报道，这些可以表明人们对水环境的直接破坏规模和影响的严重性。保护水环境、降低水环境风险对整体社会发展来说是意义重大的。

由于水体生态环境研究需要的数据较难获得，统计精度较差，所以辽河流域水环境累积风险评价主要从水环境的水质状态和人们对水环境关注的状态进行考虑。

（4）影响子系统

影响子系统是水环境的变化对于自身和社会的影响。水环境系统的状态会影响到人类的生活、经济的发展、水体的健康，也会对水资源量产生影响。水环境的变化导致可用水量直接影响了人类的生活，即使可用水体的水量大幅减少，大多数的企业依然会在利益的影响下继续生产，进而导致水环境恶化以及水环境风险等级提升。

辽宁省内河流河道较为平缓，含沙量高，且年内流量分配不均，容易造成部分区域干旱，因此水资源富余率可以较好地反映当地水资源现状。根据经济学基本原理，工业企业及中小企业的蓬勃发展是反映该地区经济发达程度的一种表现，单位产值用水量的大小反映了当地的基本经济发展结构。具体来说，水资源量的变化会影响社会的发展，辽宁省在驱动力子系统和压力子系统的影响下，会造成水质变差、水量减少、水环境生态系统脆弱，这会影响到社会的发展进步。

（5）响应子系统

响应子系统是由团体做出制止环境状态变化所带来影响的方式，也是响应水环境状态子系统和影响子系统的调整过程。驱动力、压力、状态、影响子系统都会导致水环境累积风险的变化，响应子系统所进行的一系列举措都是为了让水环境的状态以一种新的形式达到平衡，在整体水环境的发展状态下遏制水环境累积风险的提升。提高城市污水处理率、增加卫生厕所普及率、提高污水处理设备数量等措施都是减少水环境累积风险的重要举措。

健全的水环境累积风险响应子系统应该在各个层面充分发挥响应措施作用，通过改进与交流，各个层面的响应因子可以形成良性的支撑，对水环境的状态进行全面提高或抑制水环境的持续恶化，最终降低水环境累积风险。

（6）管理子系统

管理子系统与响应子系统不同，是环境管理者自发地对环境进行管理的一种方式，是从根源上进行的预防措施。管理子系统中的各个因素可有效反映流域水环境的管理现状以及对水环境管理过程的关注程度和执行程度，这些指标都会在一定程度上影响水环境累积风险状态。管理子系统包括政府的政策与监管的力度，当政府政策得当，监管力度较强时，可以有效地降低水环境累积风险。资金投入也是有效的管理方式，通过提高污水治理的投入，以达到提高处理效果的目的，结合有效的管理模式可以使水环境累积风险降低。

2.2　水环境累积风险评价指标体系初建与筛选

2.2.1　指标体系初建

依据指标体系构建的原理，按照 DPSIRM 模型框架，构建水环境累积风险评价指标体系。在借鉴已有的关于人体健康风险评价、生态系统健康评价、水环境安全评价、水质评价、风险源评价等研究的指标体系的基础上，分析环境因素中的气候变化、水质状态、流域状态和人文因素的经济状态、人口增长、环保投入等评价指标，构建包括目标层、准则层、指标层的一套水环境累积风险评价指标体系。目标层点明指标体系要实现的最终目的，反映了水环境累积风险的综合情况；准则层说明指标体系的构建模型。本研究利用驱动力-压力-状态-影响-响应-管理的环境模型来建立水环境累积风险评价指标体系，确保指标体系可以系统地反映水环境累积风险的综合情况。

　　根据降低水环境累积风险、提高水环境安全的理念，既要结合社会的实际情况又要考虑水环境情况以及自然因素，构建评价指标体系。本研究在水环境累积风险评价指标体系的建立过程中，除了结合累积风险评价流程中提及的风险源指标外，还选择了分析压力源和环境风险相关联的指标，体现了整体性的风险分析对于水环境累积风险影响的重要程度。初建的评价指标体系如表 2-1 所示。

表 2-1　初建的评价指标体系

目标层	准则层	指标层
水环境累积风险评价	驱动力	人均 GDP
		人均 GDP 增长率
		人口密度
		人口自然增长率
		年降水量
		气温变化影响
	压力	生活污水排放量
		工业废水排放量
		工业企业数
		农用化肥施用量
		有效灌溉面积
		工业用水量
		城镇居民用水量
	状态	水质现状
		水系水质状况评价结果
		水环境事故发生频次
		COD
		氨氮
		总磷
	影响	万元 GDP 耗水量
		水资源总量
		人均用水量
	响应	城市污水处理率
		污水处理设备数
		农村卫生厕所普及率
	管理	与水相关法律法规体系的复杂性和透明度
		与水相关法律法规体系的实施
		利益相关者在官方论坛或平台讨论相关水的问题
		水在当地文化或宗教中的重要性
		环保投资占 GDP 比重

（1）驱动力指标

选择人均 GDP、人均 GDP 增长率、人口密度、人口自然增长率、年降水量、气温变化影响 6 个指标作为驱动力指标。这些指标反映了社会发展及自然变化的需求。

（2）压力指标

选择生活污水排放量、工业废水排放量、工业企业数、农用化肥施用量、有效灌溉面积、工业用水量、城镇居民用水量 7 个压力指标，从工业、农业、生活 3 个方面着手，涵盖了供水排水等多方面社会因素。

辽宁是一个集工业农业组合的省份，水环境压力较大，用水排水量会直接影响水环境累积风险。这些指标可以有效反映辽宁段水环境系统累积风险的压力，具有科学性。

（3）状态指标

选择水质现状、水系水质状况评价结果、水环境事故发生频次、COD、氨氮、总磷 6 个指标为状态指标。

这 6 个指标均与辽河辽宁段水环境累积风险状态有密切关联，从水环境本身状态及客观事故发生的情况着手，具有较强的代表性，数据易于获取。

（4）影响指标

影响指标的选择更加注重对水环境本身的影响，但也充分考虑了对社会和经济发展的影响。选择万元 GDP 耗水量、水资源总量、人均用水量 3 个指标为影响子系统指标。对水环境的影响主要由水资源总量、人均用水量指标体现，对社会造成的影响主要体现在万元 GDP 耗水量指标上。

（5）响应指标

响应指标反映的是降低水环境累积风险的举措，通过对工业、农业和生活污水处理改善方式的分析，提出了城市污水处理率、污水处理设备、农村卫生厕所普及率 3 个指标作为响应子系统的指标。用最客观、最合理的分析方法确定响应子系统的描述指标，最终实现对水环境累积风险的准确分析。

（6）管理指标

选择与水相关法律法规体系的复杂性和透明度、与水相关法律法规体系的实施、利益相关者在官方论坛或平台讨论相关水的问题、水在当地文化或宗教中的重要性、环保投资占 GDP 比重作为管理指标。由于管理指标多为国家政策和人民群众对水环境的关注的状态，因此较难定量研究，但是也需要对国家政策做出合理判断，因此引入专家问卷的形式，对水环境累积风险管理进行客观的分析。同时选择环保投资占 GDP 比重作为可以定量分析的指标，使研究结果更加客观准确。

2.2.2　指标数据来源

本研究人均 GDP、人均 GDP 增长率、人口密度、人口自然增长率、年平均气温、年降水量、农用化肥施用量、有效灌溉面积、生活污水排放量、工业废水排放量、工业用水量、城镇居民用水量、水资源总量、人均用水量数据来源于《辽宁省统计年鉴》；人均水资源量、水系水质状况评价结果、农村卫生厕所普及率、环保投资占 GDP 比重数据来源于《中国环境统计年鉴》；人均用水量、万元 GDP 耗水量指标中总用水量、污水处理投资额、GDP 数据来源于《中国环境统计年鉴》；城市污水处理率来源于《中国第三产业统计年鉴》；与水相关法律法规体系的复杂性和透明度、与水相关法律法规体系的实施、利益相关者在官方论坛或平台讨论相关水的问题、水在当地文化或宗教中的重要性，由德尔菲法参考专家意见得出；水环境事故发生频次参考《安全与环境学报》数据统计与分析板块的国内环境事故；水质相关数据源于实测。

2.2.3　指标筛选

2.2.3.1　筛选原则与分析

遵循科学性、系统性、动态性、可行性原则，从多方面分析各子系统指标。

对驱动力子系统中指标进行分析发现，反映经济指标的人均 GDP 和人均 GDP 增长率存在信息重叠。基于系统性原则进行分析，经济的高（低）速增长并不能准确地反映经济发展对水环境产生的累积风险的驱动性，所以选择更能准确反映经济数值的人均 GDP 指标作为评价指标。人口年增长率是用变化量来表征经济和社会人口的发展，根据动态性原则，人口年增长率对累积风险产生的影响更为科学准确，因此，删除人口密度指标。经过初筛，驱动力子系统指标包括人均 GDP、人口自然增长率、年降水量和年均气温变化。

对压力子系统指标进行分析发现，反映工业源压力的指标有工业废水排放量、工业企业数和工业用水量 3 个指标，其中工业废水排放量和工业用水量指标存在信息重复现象，依据动态性原则，工业废水排放量更加直接地影响水环境，所以删除工业用水量。工业企业数虽然也可以影响工业废水排放量，但工业企业数主要反映流域内工业企业的密度。生活污染压力指标中生活污水排放量、城镇居民用水量反映信息重叠，用生活污水排水量可以更好地反映用水和污染量。经过初筛后，压力子系统指标包括工业废水排放量、工业企业数、农用化肥施用量、生活污水排放量。

状态子系统中 COD、氨氮、总磷指标均是反映水质现状的次级指标，为避免信息重复，可以选择水质现状进行判断。根据动态性原则，水系水质状况评价结果、水环境事故发生频次 2 个指标可以准确地从时间和空间角度反映水环境现状的连续性。经过初筛，状态子系统指标包括水质现状、水系水质状况评价结果、水环境事故发生频次。

影响子系统中的水资源总量和人均用水量 2 个指标均可反映水环境本身受到的影响，通过人均用水量可以推断出当年总用水量，水资源总量反映当年水资源总量，两者都能够反映水量受到影响的过程。根据科学性原则，将 2 个指标结合，形成水资源富余率指标，该指标是由年人均水资源量和人均用水量的差值与当年人均水资源量之比得出，可以有效地反映当地水量受影响的情况。经过初筛，影响子系统指标包括万元 GDP 耗水量和水资源富余率。

针对响应子系统中的城市污水处理率、污水处理设备、农村卫生厕所普及率指标，从生活污水、工业废水处理和农业面源处理 3 个方面进行分析，均符合上述四项原则，经初步筛选后全部保留。

响应子系统中与水相关法律法规体系的复杂性和透明度、与水相关法律法规体系的实施两项指标均为分析与水相关法律制定和执行情况，为了减少重复的信息、提升科学性，将二者合并形成新指标，即水环境相关的法律制定与执行。利益相关者在官方论坛或平台讨论相关水的问题指标不符合可行性原则，不能保证数据获取的准确性和保证数据的质量，所以删除。经过初筛后，管理子系统指标包括水环境相关的法律制定与执行、水在当地文化或宗教中的重要性、环保投资占 GDP 比重。

2.2.3.2 基于相关性检验的指标筛选方法

相关性检验是一种可以检验指标间相互关系的数学方法，可以避免指标描述相同问题的情况，可以有效提高指标的合理性。相关性检验常通过相关系数进行判断，具体步骤如下。

（1）标准化

将不同量纲的指标进行无量纲处理，避免量纲对相关系数计算造成影响，具体计算公式为：

$$X'_{ik} = \frac{X_{ik} - \overline{X_k}}{S_k} \tag{2-1}$$

式中　X'_{ik} ——指标标准差标准化值；

　　　S_k ——标准差；

　　　$\overline{X_k}$ ——平均值；

　　　X_{ik} ——样本值，$i = 1,2,3\cdots$。

（2）相关系数计算

相关系数计算公式为：

$$r = \frac{\sum (X_i - \overline{X})(Y_i - \overline{Y})}{\sqrt{\sum (X_i - \overline{X})^2 (Y_i - \overline{Y})^2}} \qquad (2\text{-}2)$$

式中　r——相关系数；

　　　X_i，Y_i——2 个标准化后的指标；

　　　$\overline{X}$，$\overline{Y}$——平均值。

（3）设定相关系数边界

相关系数 r 的绝对值越接近于 1，指标的相关度就越高，通过划分相关系数边界可以判断、保留或删除部分指标。一般可将相关系数边界划分为 5 个级别，分别为 $r=0$，完全不相关；$0 < |r| < 0.3$，基本不相关；$0.3 < |r| < 0.5$，低度相关；$0.5 < |r| < 0.8$，显著相关；$0.8 < |r| < 1$，高度相关；$|r| = 1$ 完全相关。设定相关系数边界 Q（$0 < Q < 1$），当 $|r| > Q$，应删除次要指标，当 $|r| < M$，应保留指标。陈绍金等在水环境风险评价研究中选用 0.8 作为边界。将经过初筛的指标进行两两对比计算相关系数 $|r|$，对 $|r| > 0.8$ 的指标进行有选择地保留，减少指标的重复性。

2.2.4　辽河流域水环境累积风险评价指标选择与确定

收集整理 2010～2018 年辽宁省年降水量和年平均气温统计数据如表 2-2 所示。

表 2-2　辽宁省年降水量及年均气温统计数据

指标	2010 年	2011 年	2012 年	2013 年	2014 年	2015 年	2016 年	2017 年	2018 年
降水量/mm	966.31	626.97	886.36	743.74	441.86	586.86	757.41	564.87	512.31
气温/℃	8.4	8.9	8.3	8.9	10.1	9.8	9.7	10.2	9.5

经计算，两指标间的相关系数为 -0.828，属于高度相关。为更加准确地表达指标含义，准确描述变化趋势，使指标更加符合动态性原则，对指标进行筛选，删除降水量指标，选择气温变化影响作为最终评价指标。

分析压力子系统中工业废水排放量与工业企业数的相关性，辽宁省年工业废水排放量及工业企业数统计数据如表 2-3 所示。

计算得到指标间的相关系数为 0.4744，属于低度相关，不需要进行更改。

分析水环境相关的法律制定与执行、水在辽宁地区文化或宗教中的重要性的相关性。数据源于专家咨询，通过调查问卷的方式对不同层级的技术相关人员进行调

表 2-3　辽宁省年工业废水排放量及工业企业数统计数据

指标	2010 年	2011 年	2012 年	2013 年	2014 年	2015 年	2016 年	2017 年	2018 年
工业废水排放量/万吨	71284.4	90457.1	87167.5	78285.6	90630.8	83140.3	57639.2	51284.0	39554.7
工业企业数/家	4623	6586	6316	6305	8364	10661	7177	5226	5471

查，问卷以五级标度法对指标进行评判，其中一级为水环境相关的法律制定与执行最为严格、水在当地文化或宗教中极为重要，此时对水环境累积风险影响最小。发出问卷 30 张，回收有效问卷 28 张，其中中正高级职称人数 5 人，副高级职称人数 8 人，中级职称及以下人数 15 人，取评价结果众数作为专家评价结果，若出现数据结果相同情况，以正高职称意见为准，主观指标专家评价得分见表 2-4。

表 2-4　主观指标专家评价得分

指标	2010 年	2011 年	2012 年	2013 年	2014 年	2015 年	2016 年	2017 年	2018 年
水环境相关的法律制定与执行	4	5	3	3	3	2	2	2	2
水在当地文化或宗教中的重要性	2	2	1	1	1	1	1	1	1

计算得到两指标间的相关系数为 0.8665，属于高度相关。分析发现，水在当地文化或宗教中的重要性指标相较于水环境相关的法律制定与执行变化较小，影响不明显，为准确体现累积风险变化的趋势，选择水环境相关的法律制定与执行作为最终指标。

经筛选，最终在指标层中确定包括 6 类不同准则的 18 个指标，这些指标可以描述影响水环境累积风险的实际情况，且相关性较低。确定建立的辽河流域水环境累积风险评价指标体系如表 2-5 所示。

表 2-5　辽河流域水环境累积风险评价指标体系

目标层	准则层	指标层
水环境累积风险评价(T)	驱动力(D)	人口自然增长率(D_1)
		人均 GDP(D_2)
		气温变化影响(D_3)
	压力(P)	生活污水排放量(P_1)
		工业废水排放量(P_2)
		工业企业数(P_3)
		农用化肥施用量(P_4)
		有效灌溉面积(P_5)
	状态(S)	水质现状(S_1)
		水系水质状况评价结果(S_2)
		水环境事故发生频次(S_3)

续表

目标层	准则层	指标层
水环境累积风险评价(T)	影响(I)	水资源富余率(I_1)
		万元 GDP 耗水量(I_2)
	响应(R)	城市污水处理率(R_1)
		污水处理设备(R_2)
		农村卫生厕所普及率(R_3)
	管理(M)	水环境相关的法律制定与执行(M_1)
		环保投资占 GDP 比重(M_2)

2.3　水环境累积风险阈值分析与风险等级划分

2.3.1　风险等级划分

风险等级的划分是一个复杂的过程，为了进行风险大小的比较，研究者用数学期望来代替概率分布，或者选取某种算子对相关量进行数学组合。加法算子和乘法算子是使用率较高的两种算子，本研究基于灾害风险定义表达式［式(2-3)］，采用乘法算子对风险等级进行划分。

$$风险等级＝风险源危险性×受体脆弱度 \tag{2-3}$$

主要分析风险源的危险性和风险受体的脆弱性两个方面，两者间没有存在线性关联，是两个不同的分析角度。为了准确地对风险进行分级，将风险源危险性和受体脆弱性等级都分为 5 个等级。借助风险矩阵，将风险影响和风险概率相耦合，最终将风险划分为 5 级，分别是无风险或可接受风险、低风险、中风险、高风险和极高风险。累积风险矩阵见图 2-2。

2.3.2　评价指标分级方法

为更加科学地评价水环境累积风险，除了需要有一套科学、综合、动态、可行的指标体系以外，还需要有针对各个指标的具体评判标准。评判标准的确定需要按照参考标准法、参考资料法、专家咨询法等方法进行。

(1) 参考标准法

参考标准法是参照国内外的已有明确规定的分级标准。这些标准经过长期经验数据的总结分析形成，具有客观、实用等特点。针对国内或国际上明确规范的指标，采用参考标准法，按照国家和地方的标准进行划分。

(2) 参考资料法

参考资料法是一种半定量的分级方法，参考指标已有的历史资料和相关的研究

风险源危险性	受体脆弱性				
	受体系统稳定性高、抗外界干扰能力强、恢复能力强	受体系统稳定性较高、有较强的抗外界干扰能力、自然恢复能力较强	受体系统仍稳定，敏感性增强，系统仍可维持	受体系统稳定性较低、系统出现异常、甚至开始退化	受体系统稳定性极低、对外界干扰敏感性强、系统恢复力差
发生频率低灾害强度小					
发生频率较低、灾害强度较小					
发生频率较高、灾害强度一般					
发生频率较高、灾害强度较大					
发生频率很高、灾害强度很大					

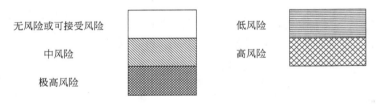

无风险或可接受风险　　低风险
中风险　　高风险
极高风险

图 2-2　累积风险矩阵

资料，分析其对于环境和社会发展造成的影响，最终进行指标等级划分，具有一定的主观因素。对于没有具体标准的指标，首先应参考相关研究的文献和统计资料，按照指标的目标值对指标等级进行划分。对于研究较少，但有完善的统计数据的指标，应分析该指标在近 10 年内全国各地的统计数据，选取 5%～95% 作为数据范围，在数据范围内对指标进行科学的等级划分。

（3）专家咨询法

专家咨询法是一种较为主观的等级划分方法。对于统计数据不全或者无法定量分析的指标，把研究目的和指标制作成问卷，向不同层次的相关从业人员发放，进行统计分析，按照一定规则转化为具体数值，最终确定分级标准。

2.3.3　评价指标阈值划分

按照评价指标分级方法，采用参考标准法对已有国家和地方标准的指标进行等级划分、采用参考资料法对缺乏具体标准但有较为全面的统计数据和研究成果的指标进行等级划分、采用专家咨询法对于数据不全或者无法定量分析的指标进行等级划分，最终将指标划分成 5 级。

（1）驱动力指标等级划分

1）人口自然增长率

人口自然增长率反映一年内人口的增长量和该年内的平均人口数之比，人口增长过快会造成水资源的紧张和污染的加重，是水环境产生变化的根本驱动力。分析近 10 年的《中国统计年鉴》发现，目前我国人口增长率平均不足 0.5% 且呈现下降趋势。因此，以 0.5% 作为 Ⅲ 级标准，结合近 20 年统计数据，最终确定人口自然增长率分级标准见表 2-6。

表 2-6　人口自然增长率分级标准

指标	I	II	III	IV	V
D_1/%	0	0.25	0.5	0.75	1

2）人均 GDP

人均 GDP 反映经济发展的水平，为保证国民生活水平的提高，GDP 蓬勃增长至关重要。但是，经济发展依赖资源的开发与利用，过度的资源开发会导致一系列不良的环境影响，这是使水环境发生变化的直接驱动力。

为了保证 GDP 发展和环境安全保持平衡，许多学者都对其进行研究，其中应用最为广泛的就是环境库兹涅茨（EKC）曲线的描述。当经济水平较低时，环境破坏较轻；随着经济发展，环境状态会持续变差；当人均 GDP 达到一定水平后就会出现拐点，即随着人均 GDP 的进一步增加，环境污染又会下降。普遍认为，EKC 拐点是人均 GDP 6000～8000 美元，所以，最终的指标分级区间为倒"U"形。人均 GDP 6000～8000 美元为 V 级标准。参考历年统计数据，基于差值倍数法确定人均 GDP 分级标准见表 2-7。

表 2-7　人均 GDP 分级标准

指标	I	II	III	IV	V
D_2/美元	≤3000,≥11000	3000～4000, 10000～11000	4000～5000, 9000～10000	5000～6000, 8000～9000	6000～7000, 7000～8000

3）气温变化影响

全球气温升高问题是影响水环境系统的一个重要的驱动力。1906～2005 年世界各地的平均温度升高了 0.74℃，在同一时期我国平均气温升高 1.1℃，北方地区变化尤为明显，最高升温达 4℃。高温天气会造成水中溶解氧降低，影响水生生态系统，并且高温会导致藻类大量地繁殖，造成水华。为定量分析气温变化影响指标，用该地区年气温与近 10 年的平均气温相比的变化程度表示，见式(2-4)。

$$气温变化影响 = \frac{该地区年平均气温}{近 10 年该地区年平均气温} \qquad (2-4)$$

以近 10 年温度为基础数据，分析当年气温与 10 年观察对象的关系，对气温变化影响进行分级，气温变化影响分级标准见表 2-8。

表 2-8　气温变化影响分级标准

指标	Ⅰ	Ⅱ	Ⅲ	Ⅳ	Ⅴ
D_3/%	2	5	8	12	15

（2）压力指标等级划分

1）生活污水排放量

人口的增加会产生大量的生活污水，生活污水中主要成分为有机物、氨氮等和大量病原微生物，生活污水未经处理直接排放会对水体造成极大的危害。生活污水排放量反映点源污染的排放情况。根据人均系数法，估算城镇生活污水排放量＝城镇生活污水排放系数×市镇非农业人口×365。

依据《中小城市绿皮书》确定大中小型城市人口数，依据《城市排水工程规划规范》（GB 50318—2000）确定排放系数，以小型城市人口污水排放量作为Ⅰ级标准，得出生活污水排放量分级标准见表 2-9。

表 2-9　生活污水排放量分级标准

指标	Ⅰ	Ⅱ	Ⅲ	Ⅳ	Ⅴ
P_1/万吨	5000	20000	40000	60000	80000

2）工业废水排放量

工业废水排放量为该研究区域内所有工业企业外排的污水，是点源污染之一。工业废水中常含有有毒有害物质，经过处理后仍然会存在一定残留，排放入流域内，随着时间和排放量的累积，会对水环境系统造成一定危害。基于统计年鉴，分析辽河流域工业废水排放量的统计数据，结合我国的实际国情和专家意见得出工业废水排放量分级标准见表 2-10。

表 2-10　工业废水排放量分级标准

指标	I	II	III	IV	V
P_2/万吨	2000	5000	8000	12000	15000

3）工业企业数

工业企业数是反映第二产业的间接指标，是研究地区水环境污染与资源消耗的主要途径，合理的产业结构不仅可以降低水耗，还可以减少工业废水的排放。基于统计年鉴，分析辽河流域对水体造成污染的工业企业数量，结合辽河流域的实际情况得出工业企业数分级标准见表 2-11。

表 2-11　工业企业数分级标准

指标	I	II	III	IV	V
P_3/家	100	400	700	1000	1300

4）农用化肥施用量

农用化肥施用量指该年内使用的所有化肥的总量。过量使用化肥，可以增加土壤的化学物资含量，更会对地表水和地下水体造成污染。《国家乡村振兴战略规划》（2018～2022 年）明确推进农药化肥减量施用的要求，提高化肥利用率达到 40% 以上，结合统计年鉴分析辽河流域化肥施用量，结合专家意见进行等级划分，农用化肥施用量分级标准见表 2-12。

表 2-12　农用化肥施用量分级标准

指标	I	II	III	IV	V
P_4/万吨	6	12	18	24	30

5）有效灌溉面积

有效灌溉面积不仅反映该地区农业生产的水利化程度，也体现了农业种植面积。我国作为农业大国，以 6% 的全球淡水量和 9% 的耕地养育了世界上 20% 的人口，水利工程尤为重要。随着有效灌溉面积增大，水会发生质的变化，灌溉后的水将携带土壤中的矿物质、碱分和盐分、细菌、病毒、农药和化肥经排水渠排入河流，进而影响水的 pH 值、温度以及氯、磷等含量。同时，灌溉水经土壤入渗也会使地下水受到污染。参考统计年鉴数据，分析辽河流域有效灌溉面积的情况，并结合专家意见进行等级划分，有效灌溉面积分级标准见表 2-13。

表 2-13　有效灌溉面积分级标准

指标	Ⅰ	Ⅱ	Ⅲ	Ⅳ	Ⅴ
$P_5/10^3\ hm^2$	50	100	150	200	250

（3）状态指标等级划分

1）水质现状

水质状态可以反映水环境现状，是影响水环境累积风险的重要指标。《地表水环境质量标准》（GB 3838—2002）将地表水水质分为五个等级，一类水质最好，五类水质最差。按照《地表水环境质量标准》将水质现状分为五级，水质现状分级标准见表 2-14。

表 2-14　水质现状分级标准

指标	Ⅰ	Ⅱ	Ⅲ	Ⅳ	Ⅴ
S_1	一类	二类	三类	四类	五类及劣五类

2）水系水质状况评价结果

水系水质状况评价结果反映流域整体的水环境状态。考虑到水环境问题具有空间分布复杂、容易受上下游累积传输物质影响的特点，在累积风险分析的过程中，流域水环境整体状态也是反映该处水环境承载力的重要指标。国家《水污染防治行动计划》（简称"水十条"）要求，流域整体水环境水质优于Ⅲ类水质比例要达到70%以上，按照国家要求设置为Ⅰ级标准，根据实际情况应用等差原则，对该指标进行划分，水系水质状况评价分级标准见表 2-15。

表 2-15　水系水质状况评价分级标准

指标	Ⅰ	Ⅱ	Ⅲ	Ⅳ	Ⅴ
S_2	达到或优于Ⅲ类达 70%	达到或优于Ⅲ类达 60%	达到或优于Ⅲ类达 50%	达到或优于Ⅲ类达 40%	达到或优于Ⅲ类达 30%

3）水环境事故发生频次

水环境事故发生频次反映人们对水环境问题关心程度的状态指标，可以直观地体现出由于违反环境保护的行为和外因素对水环境造成影响的次数和频率。水环境事故发生频次越高，水环境潜在的风险就越大，会直接影响累积风险评价结果。按照水环境事故发生频次，结合统计结果对等级进行划分，水环境事故发生频次分级标准见表 2-16。

表 2-16　水环境事故发生频次分级标准

指标	I	II	III	IV	V
S_3	没有	≥每年 1 次	≥每年 2 次	≥每年 4 次	≥每年 6 次

（4）影响指标等级划分

1）水资源富余率

水资源富余率是体现人类活动对水资源量影响的指标。该项指标直接反映水资源使用的合理性问题，水资源富余率越高，水环境累积风险越低。我国作为一个干旱缺水的国家，合理使用水资源至关重要，按照可持续发展的要求，分析历年来水资源情况，结合专家意见得出水资源富余率分级标准见表 2-17。

表 2-17　水资源富余率分级标准

指标	I	II	III	IV	V
$I_1/\%$	120	90	60	30	0

2）万元 GDP 耗水量

万元 GDP 耗水量是指一年内每万元国内生产总值所使用的水资源量，是反映工业生产和经济发展对水环境影响的指标，也是体现生产力发达程度的指标。万元 GDP 耗水量越低，对水环境累积风险影响越小。根据水利部报道，2003 年我国万元 GDP 耗水量为 465m³，随着生产技术水平的提高，2018 年我国平均万元 GDP 耗水量降至 66.8m³，部分省份耗水量低于 49m³/万元，已达到国际平均水平，但与发达国家还有一定差距，因此，以万元 GDP 耗水量 50m³/万元为 III 级标准。基于易操作原则，设置 IV 级万元 GDP 耗水量标准为 65m³/万元。参考石丽宗的研究，最终得出万元 GDP 耗水量分级标准见表 2-18。

表 2-18　万元 GDP 耗水量分级标准

指标	I	II	III	IV	V
$I_2/(\text{m}^3/万元)$	20	35	50	65	80

（5）响应指标等级划分

1）城市污水处理率

城市污水处理率是指城市污水经污水厂处理后排入水体的水量占总排水量的比例。城市污水处理率越高，累积风险越低。根据国家环保城市考察指标要求，城市生活污水处理率应大于 80%，故而将城市污水处理率 80% 设为 IV 级标准，参考世界发达国家水平和国内的相关研究，城市污水处理率分级标准见表 2-19。

表 2-19　城市污水处理率分级标准

指标	I	II	III	IV	V
R_1/%	95	90	85	80	75

2）污水处理设备

污水处理设备是反映污水处理能力的指标。经过处理的污水对水环境的影响会降低，增加污水处理设备数量可以提升单位时间水处理量，体现了人们对于水污染事故的应对之策。基于统计年鉴中污水处理设备的统计结果，考虑我国的实际国情和专家意见得出污水处理设备分级标准见表 2-20。

表 2-20　污水处理设备分级标准

指标	I	II	III	IV	V
R_2/套	450	350	250	150	50

3）农村卫生厕所普及率

农村卫生厕所普及率是公共卫生体系的重要指标，该指标可以降低环境污染量。农村卫生厕所的普及可以有效减少污染物随降水对地下水和地表水的污染，经过处理后的污水可以有效降低污染程度。《乡村振兴战略规划实施报告》（2018—2019 年）指明，农村卫生厕所普及率要超过 60%。根据国家要求，农村卫生厕所普及率 60% 设为 IV 标准。结合国内相关研究，基于等差原则，得出农村卫生厕所普及率分级标准见表 2-21。

表 2-21　农村卫生厕所普及率分级标准

指标	I	II	III	IV	V
R_3/%	90	80	70	60	50

（6）管理指标等级划分

1）水环境相关的法律制定与执行

水环境相关的法律制定与执行是反映应国家对水环境管理的主要指标。该指标体现了管理者的主观能动性，是定性分析的指标。本研究采用德尔菲法，向从事相关研究的不同层次的研究人员发放调查问卷，采用 5 级 5 分制的方法制定评价表，收集得到量化结果。水环境相关的法律制定与执行分级标准见

表 2-22。

表 2-22　水环境相关的法律制定与执行分级标准

指标	I	II	III	IV	V
M_1	1 级	2 级	3 级	4 级	5 级

2）环保投资占 GDP 比重

环保投资占 GDP 比重反映管理者对环境问题的管理投入，对已有的环境现状进行治理，防止环境事故的发生。该项指标体现了管理者对环境保护的重视程度，可有效减少风险源对水环境的累积性影响，是城市治理的重要指标。根据国际经验，当环保投资占 GDP 比重达到 1%～1.5% 时，可以控制环境恶化的趋势；当达到 2%～3% 时，可以改善环境状态。因此，得出环保投资占 GDP 比重分级标准见表 2-23。

表 2-23　环保投资占 GDP 比重分级标准

指标	I	II	III	IV	V
$M_2/\%$	2	1.5	1	0.6	0.3

2.3.4　辽河流域水环境累积风险评价指标阈值划分

辽河流域水环境累积风险评价指标阈值划分流程为：风险等级划分→风险矩阵耦合→指标阈值划分。

为准确地对风险进行分级，将风险源危险性和受体脆弱性等级都分为 5 个等级，借助风险矩阵，将风险影响和风险概率相耦合，最终将风险划为 5 级，分别是无风险或者可接受风险、低风险、中风险、高风险和极高风险。水环境累积风险等级描述见表 2-24。

表 2-24　水环境累积风险等级描述

级别	等级名称	累积风险描述	
		风险源（危险度）	水环境承载力（脆弱度）
I 级	无风险或可接受风险	风险导致危害发生概率极低或危害破坏性极弱	水环境系统稳定性高、抗外界干扰能力强、恢复能力强
II 级	低风险	要通过一定措施来防范风险所带来的危害	水环境系统稳定性较高、有较强的抗外界干扰能力、自然恢复能力较强

级别	等级名称	累积风险描述	
		风险源（危险度）	水环境承载力（脆弱度）
Ⅲ级	中风险	风险导致的危害发生会造成一定损害	水环境系统尚稳定，敏感性增强，系统仍可维持
Ⅳ级	高风险	风险导致的危害极易发生并会造成极大破坏	水环境系统稳定性较低、系统出现异常、甚至开始退化
Ⅴ级	极高风险	风险导致的危害发生频繁且造成不易恢复性破坏	水环境系统稳定性极低、对外界干扰敏感性强、系统恢复力差

结合参考标准法、参考资料法和专家咨询法提出指标阈值划分技术，对辽河流域各指标划分成 5 级。

（1）驱动力指标等级划分

1）人口自然增长率

目前，辽宁省人口增长率平均不足 0.5% 且呈现下降趋势，以 0.5% 作为Ⅲ级标准，结合近 20 年统计数据最终确定人口自然增长率分级标准见表 2-6。

2）人均 GDP

参考辽河流域历年来统计数据，基于差值倍数法确定人均 GDP 分级标准见表 2-7。

3）气温变化影响

以近 10 年辽河流域温度为基础数据，分析当年气温与 10 年观察对象的关系，进行气温变化影响分级。气温变化影响分级标准见表 2-8。

（2）压力指标等级划分

1）生活污水排放量

以辽河流域最小城市污水排放量为Ⅰ级标准，得出生活污水排放量分级标准见表 2-9。

2）工业废水排放量

基于统计年鉴，分析辽河地区工业废水排放量的统计数据，结合辽河流域的实际情况和专家意见得出分级工业废水排放量分级标准见表 2-10。

3）工业企业数

基于统计年鉴，分析辽河地区对水体造成污染的工业企业数量，结合辽河流域实际情况得出分级标准见表 2-11。

4）农用化肥施用量

结合统计年鉴分析辽河地区化肥施用量，并结合辽河流域实际情况进行等级划分见表 2-12。

　5）有效灌溉面积

　参考统计年鉴数据，分析辽河地区有效灌溉面积的情况，并结合辽河流域实际情况得出有效灌溉面积分级标准见表 2-13。

　（3）状态指标等级划分

　1）水质现状

　按照地表水环境质量标准将水质现状分为五级，水质现状分级标准见表 2-14。

　2）水系水质状况评价结果

　根据辽河流域实际情况应用等差原则，对该指标进行划分，水系水质状况评价分级标准见表 2-15。

　3）水环境事故发生频次

　按照水环境事故发生频次，结合统计结果对等级进行划分，水环境事故发生频次分级标准结果见表 2-16。

　（4）影响指标等级划分

　1）水资源富余率

　结合专家意见得出水资源富余率的分级标准见表 2-17。

　2）万元 GDP 耗水量

　基于等差原则，最终得出万元 GDP 耗水量的分级标准见表 2-18。

　（5）响应指标等级划分

　1）城市污水处理率

　参考世界发达国家水平和国内的相关研究，基于辽河流域实际情况，城市污水处理率分级标准见表 2-19。

　2）污水处理设备

　基于统计年鉴中污水处理设备的统计结果，考虑辽河流域实际情况和专家意见得出污水处理设备分级标准见表 2-20。

　3）农村卫生厕所普及率

　结合国内相关研究，基于等差原则，得出农村卫生厕所普及率分级标准见表 2-21。

　（6）管理指标等级划分

　1）水环境相关的法律制定与执行

　水环境相关的法律制定与执行分级标准见表 2-22。

　2）环保投资占 GDP 比重

　环保投资占 GDP 比重的分级标准，见表 2-23。

2.4 辽河流域水环境累积风险评价方法

选择模糊综合法作为水环境累积风险的评价方法。建立模糊数学集最常用方法是使用隶属度函数来构建模糊矩阵，结合各指标权重确定最终的评价结果。所以模糊综合评价法最主要的三个方面是确定指标隶属度、确定指标权重和模糊综合评价。

为了提升模糊综合法评价的准确性，主要对指标权重确定和模糊综合评价两个阶段进行优化。指标权重确定阶段将层次分析法和熵值法结合形成基于拉格朗日算子的组合赋权法。虽然最大隶属度原则在模糊评价中应用广泛、简单实用，但其在隶属度接近情况下有效性较低，为更准确地服务水环境管理，力求结果准确，模糊综合评价阶段应用平均加权原则。模糊综合评价流程如图 2-3 所示。

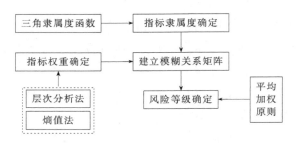

图 2-3　模糊综合评价流程

2.4.1　隶属度确定

将水环境累积风险评价指标化为了 5 个等级，由此确定指标的隶属度。选择三角形隶属度作为确定指标隶属度的方法，其具有工作量少，自我调节能力强，灵活度高等特点，在数据分析时不但可以表达数据特征，还可以在数据不全时也会有较好的应用效果。

对于每个指标 x_i 都有一个对应的函数 $f(x_i) \in [0,1]$，用这个函数来表示指标所属的等级的隶属度。其中 f 为三角隶属度函数，当 $f(x_i)$ 越接近 0 时，表示该指标所属等级的程度就越小；当 $f(x_i)$ 越接近 1 时，表示该指标所属等级的程度就越大。由于评价指标的性质不同，可分为正向和逆向两种，每种的计算方法也有些差异。用 $a_{i,k}$ 表示第 i 项指标所属第 k 层的标准，$r_{i,k}$ 表示第 i 项指标所属第 k 层的隶属度，具体计算过程如下。

（1）正向指标（数值越大影响越小）

当 $x_i > a_{i,1}$ 时，$r_{i,1} = 1$；$r_{i,2} = r_{i,3} = r_{i,4} = r_{i,5} = 0$；

当 $a_{i,k} > x_i > a_{i,k+1}$ 时，$r_{i,k} = \dfrac{x_i - a_{i,k+1}}{a_{i,k} - a_{i,k+1}}$，$r_{i,k+1} = \dfrac{a_{i,k} - x_i}{a_{i,k} - a_{i,k+1}}$，$k = 1,2,3,4,5$；

当 $x_i < a_{i,5}$ 时，$r_{i,1} = r_{i,2} = r_{i,3} = r_{i,4} = 0$；$r_{i,5} = 1$。

（2）逆向指标（数值越大影响越大）

当 $x_i < a_{i,1}$ 时，$r_{i,1} = 1$；$r_{i,2} = r_{i,3} = r_{i,4} = r_{i,5} = 0$；

当 $a_{i,k} > x_i > a_{i,k+1}$ 时，$r_{i,k} = \dfrac{a_{i,k+1} - x_i}{a_{i,k+1} - a_{i,k}}$，$r_{i,k+1} = \dfrac{x_i - a_{i,k}}{a_{i,k+1} - a_{i,k}}$，$k = 1,2,3,4,5$；

当 $x_i > a_{i,5}$ 时，$r_{i,1} = r_{i,2} = r_{i,3} = r_{i,4} = 0$；$r_{i,5} = 1$。

2.4.2　水环境累积风险评价权重确定

采用模糊综合法对水环境累积风险进行评价时，指标权重确定是一个非常重要的过程，指标权重的确定结果会对模糊综合评价结果的准确性产生直接影响。常用的指标权重的确定方法主要分三类，分别为基于主观意向的主观赋权法、基于数值分析的客观赋权法和主客观结合的组合赋权法。

主观赋权法最大的优点是根据事实情况和专家意见确定权重后不会出现指标的权重和指标实际重要性相违背的情况，但指标权重的确定会受到人的认知水平的影响，常见的主观评价方法有德尔菲法和层析分析法。

客观赋权法最大的优点是不受主观情绪的影响，但如果数据样本的质量较低会出现指标权重和实际重要性相悖的情况，常见的客观赋权法有熵值法、均方差法、主成分分析法等。

组合赋权法是一种综合主观和客观赋权方法的综合指标权重确定方法，其兼顾了主观认识的偏好和客观数据的事实，使整体的权重确定更有说服力。本研究将主观赋权法中的层次分析法和客观赋权法中的熵值法相结合，基于拉格朗日算子提出组合赋权的方法，确定最终的指标权重。

组合赋权法确定指标权重的具体计算方法如下。

（1）层次分析法

层次分析法是探究指标间关系的定性分析转化为定量评价的方法。按照 Saaty 提出的九级标度法，分析指标间的重要程度，并依次按照目标层、准则层、指标层的次序构造判断矩阵。

1）判断矩阵构建

将各自层次中的指标两两比较，应用九级标度法，确定同层指标间的重要程度，形成判断矩阵 P_k，见式（2-5）。

$$P_k = \begin{pmatrix} U_{k11} & \cdots & U_{k1b} \\ \vdots & \ddots & \vdots \\ U_{ka1} & \cdots & U_{kab} \end{pmatrix} \qquad (2\text{-}5)$$

式中　U_{kab}——各指标间的重要程度。

其中 $k=1,2,3$ 分别代表目标层、准则层、指标层，$a=1,2,\cdots,n$，$b=1,2,\cdots,$ n，n 为当层指标个数。九级标度见表2-25。

表 2-25　九级标度

标度	含　义
1	两者同等重要
3	U_a 比 U_b 稍微重要
5	U_a 比 U_b 明显重要
7	U_a 比 U_b 非常重要
9	U_a 比 U_b 极其重要
2、4、6、8	上述两相邻标度的中值
倒数	标度数值互为倒数

2）判断矩阵权重计算

利用方根法求解权重，具体过程如下。

首先计算判断矩阵 P_k 每一行元素的乘积为 M_{ka}，之后将计算 M_{ka} 的 n 次平方根对应结果为 $\overline{W}_{ka}$，按照式(2-6)对 $\overline{W}_{ka}$ 作归一化处理，得出最终的权重分配值 W_{ka} （$k=1,2,3$）。最终连乘指标所属各层的分项权重，得出最终的指标权重为 W_i，见式(2-7)。

$$W_{ka} = \overline{W}_{ka} / \sum_{a=1}^{n} \overline{W}_{ka} \qquad (2\text{-}6)$$

式中　W_{ka}——权重分配值；

$\overline{W}_{ka}$——M_{ka} 的 n 次平方根；

M_{ka}——判断矩阵 P_k 每一行元素的乘积。

$$W_i = W_{1a} W_{2a} W_{3a} \qquad (2\text{-}7)$$

式中　　　W_i——最终指标权重；

W_{1a}、W_{2a}、W_{3a}——指标所属1、2、3层的分项权重。

3）一致性进行检验

首先根据式(2-5)计算一般一致性指标 CI，然后根据平均随机一致性指标标准，确定判断矩阵的随机一致性指标 RI。根据检验式(2-8)、式(2-9)确定判断矩阵的随机一致性比率 CR。当 $CR<0.1$ 时，认为判断矩阵具有满意的一致性；当 $CR \geqslant 0.1$ 时，则需要对判断矩阵进行调整，重复步骤1）、2），直到 $CR<0.1$

为止。

$$CI = (\lambda_{max} - n)/(n-1) \tag{2-8}$$

式中　CI——一般一致性指标；

　　λ_{max}——判断矩阵的最大特征值；

　　n——判断矩阵阶数。

$$CR = CI/RI \tag{2-9}$$

式中　CR——判断矩阵的随机一致性比率；

　　RI——判断矩阵的随机一致性指标。

（2）熵值法

熵值法是一种利用数据判断指标离散度的方法。熵是反映数据离散程度的标准，熵越大，数据越离散，不确定性越大，所以该指标的权重也就越小。

1）判断矩阵构建

按照年份收集各指标的统计数据，构建矩阵 B，矩阵中 X_{ij} 为第 i 年第 j 项指标的数据值，见式(2-10)。

$$B = \begin{pmatrix} X_{11} & \cdots & X_{1j} \\ \vdots & \ddots & \vdots \\ X_{i1} & \cdots & X_{ij} \end{pmatrix} \tag{2-10}$$

2）标准化处理

考虑到各指标的统计标准不一致，正向指标和负向指标含义不同，所以要进行标准化处理。具体计算过程见式(2-11)、式(2-12)。对于归一化后为 0 的数据将其变为 0.0000001，方便后续计算。

正向指标 X'_{ij} 数值越大影响越小，计算见式(2-9)，X_{ij} 为第 i 年第 j 项指标的数据值。

$$X'_{ij} = \frac{X_{ij} - \min(X_{ij}, \cdots, X_{nj})}{\max(X_{ij}, \cdots, X_{nj}) - \min(X_{ij}, \cdots, X_{nj})} \tag{2-11}$$

反向指标 X''_{ij} 数值越小影响越小，计算见式(2-9)，X_{ij} 为第 i 年第 j 项指标的数据值。

$$X''_{ij} = \frac{\max(X_{ij}, \cdots, X_{nj}) - X_{ij}}{\max(X_{ij}, \cdots, X_{nj}) - \min(X_{ij}, \cdots, X_{nj})} \tag{2-12}$$

3）熵值计算

根据熵值的计算式(2-13)确定熵值，这样可以保证熵值 E_j 在 0 和 1 之间。当 E_j 越接近 1 时，说明该指标越混乱，权重越低。

$$E_j = -k \sum_{i=1}^{m} P_{ij} \ln P_{ij} \tag{2-13}$$

$$P_{ij} = \frac{X'_{ij}}{\sum\limits_{i=1}^{n} X'_{ij}}$$

式中　E_j——熵值；

$\quad\quad k$——常数 $1/\ln m$；

$\quad\quad m$——统计年份总数；

$\quad\quad P_{ij}$——第 j 项指标下第 i 个年份占该指标的比重。

4）权重计算

按照式（2-14）计算信息熵的冗余度 d_j。各指标权重计算见式（2-15）。

$$d_j = 1 - E_j \tag{2-14}$$

式中　d_j——冗余度；

$\quad\quad E_j$——熵值。

$$S_j = \frac{d_j}{\sum\limits_{i=1}^{n} d_j} \tag{2-15}$$

式中　S_j——各指标权重。

（3）组合权重确定方法

组合赋权是分析层次分析法和熵值法的各自比重，构建最优结构组合模型，使最终的组合权重可以更加准确地反映各评价指标对于水环境累积性评价结果的重要性。

组合赋权法是应用加法结合上述两种方法的权重，具体见式（2-16）。

$$\omega_j = k_1 W_j + k_2 S_j \tag{2-16}$$

式中　ω_j——组合权重；

$\quad\quad W_j$——主观权重；

$\quad\quad S_j$——客观权重；

$\quad\quad k_1$——主观权重待定数；

$\quad\quad k_2$——客观权重待定数。

要求 k_1，$k_2 \geqslant 0$，且满足单位化约束条件 $k_1^2 + k_2^2 = 1$。探究最佳组合赋权的原则是使评价指标尽可能地分散并且可以体现出不同的评价指标之间的差异性，同时还要考虑主客观评价结果之间的相对关系。所以，可以将最优组合赋权问题转化为求式（2-17）的最优解问题。

$$\max F(K_1, K_2)\omega_j = \sum_{i=1}^{a} \left(\sum_{j=1}^{b} k_1 W_j + k_2 S_j \right) X_{ij} \tag{2-17}$$

式中　$\max F(K_1, K_2)\omega_j$——最优组合权重；

$\quad\quad\quad\quad X_{ij}$——对 j 个指标的第 i 个评价对象的评价值。

由拉格朗日定理求极值分别为 K_1 和 K_2，具体计算过程见式（2-18）、式

(2-19)。

$$K_1=\frac{\sum_{i=1}^{a}(\sum_{j=1}^{b}W_jX_{ij})}{\sqrt{[\sum_{i=1}^{a}(\sum_{j=1}^{b}W_jX_{ij})]^2+[\sum_{i=1}^{a}(\sum_{j=1}^{b}S_jX_{ij})]^2}} \tag{2-18}$$

式中　K_1——最优主观权重待定系数。

$$K_2=\frac{\sum_{i=1}^{a}(\sum_{j=1}^{b}S_jX_{ij})}{\sqrt{[\sum_{i=1}^{a}(\sum_{j=1}^{b}W_jX_{ij})]^2+[\sum_{i=1}^{a}(\sum_{j=1}^{b}S_jX_{ij})]^2}} \tag{2-19}$$

式中　K_2——最优客观权重待定系数。

将 K_1、K_2 进行归一化处理后得到最终的组合系数：

$$K_1'=\frac{K_1}{K_1+K_2}$$

$$K_2'=\frac{K_2}{K_1+K_2}$$

由此得出最终的最优组合权重系数 K_1' 和 K_2'。

2.4.3 模糊综合评价

在应用模糊综合法进行水环境累积风险评价的过程中，首先要明确最终权重集 $\omega_j(j=1,2,3,\cdots,18)$ 和根据三角隶属度函数计算出的模糊矩阵：

$$R=\begin{bmatrix} r_{11} & \cdots & r_{15} \\ \vdots & \ddots & \vdots \\ r_{j1} & \cdots & r_{j5} \end{bmatrix}$$

利用矩阵乘法计算出综合评价结果所属的对应等级的隶属度 B，见式(2-20)。

$$B=\omega R=(\omega_1,\omega_2,\cdots,\omega_j)\begin{bmatrix} r_{11} & \cdots & r_{15} \\ \vdots & \ddots & \vdots \\ r_{j1} & \cdots & r_{j5} \end{bmatrix}=(b_1,b_2,\cdots,b_5) \tag{2-20}$$

式中　B——综合评价结果所属的对应等级的隶属度；

ω——最终权重集；

R——指标对累积风险等级（$n=5$）的模糊矩阵；

b_i——综合评判结果，$i=1,2,3,4,5$；

r_{ij}——i 对 j 的隶属度，$j=1,2,3,4,5$。

模糊综合评价法常用最大隶属度确定累积性水环境风险等级，但当第一隶属度和第二隶属度相差不大时，最大隶属原则有效性较差，同时相较于最大隶属度原则，加权平均原则的评价结果更加准确。

加权平均原则是将等级作为变量，本研究按照五级五分制原则得出每级的得分 $A=(a_1,a_2,\cdots,a_j)=(1,2,3,4,5)$，以隶属度 $B=(b_1,b_2,\cdots,b_j)$ 作为权数进行计算，见式(2-21)。

$$C=\frac{\sum_{j=1}^{5}a_jb_j^k}{\sum_{j=1}^{5}b_j^k} \tag{2-21}$$

式中　C——累积风险所对应的风险得分，常为非整数；

k——待定系数，对权重 B 的忽略程度；

a_j——被评对象的客观等级得分；

b_j——综合评判结果，作为权数。

作为累积风险所对应的风险得分，常为非整数，可理解为在两整数等级之间的确定评价结果。k 为对权重 B 的忽略程度，由于 $b_j\in[0,1]$，当 k 增大时，b_j^k 会越趋于 0，但实际上 k 充分大时会使结果趋向最大隶属度方法，所以一般 k 取 1 或 2。本研究中 k 均取 1。由此得出累积风险评价结果计算公式，见式(2-22)。

$$C=\frac{\sum_{j=1}^{5}a_jb_j}{\sum_{j=1}^{5}b_j} \tag{2-22}$$

C 经过赋值后计算结果在 0～5 之间，分别对应 5 个风险等级。风险等级对应评分如表 2-26 所示。

表 2-26　风险等级对应评分

风险等级	水环境累积风险得分(C)
无风险或可接受风险	[0,1]
低风险	[1,2]
中风险	[2,3]
高风险	[3,4]
极高风险	[4,5]

2.5　小结

　　① 本章重点研究了水环境累积性风险评价指标体系、分级标准和指标权重确定方法。分析并结合我国的情况，选择了 DPSIRM 环境评价模型构建指标体系，应用三种普遍使用的分级方法对指标进行分级。

　　② 应用 DPSIRM 环境评价模型构建水环境累积性风险评价指标体系，该体系包括目标层、准则层和指标层 3 个层次。

　　③ 根据多年的指标数值，分析指标间的相关性，应用相关系数法，筛去相关性较高的指标，最终确定了 18 个指标作为水环境累积风险评价指标。

　　④ 分析确定指标体系中每个指标反映水环境累积性风险的内容，明确计算和分级方法。应用风险矩阵的方法，将水环境累积性风险分为 5 级，结合参考标准法、参考资料法和专家咨询法确定各个指标的分级标准。

　　⑤ 选择模糊综合法作为评价方法，对模糊综合法进行优化，分析隶属度函数的确定、权重的确定，进行模糊评价。

第3章
辽河流域典型控制单元水环境累积风险评价

3.1 点面结合型典型控制单元水环境累积风险评价

3.1.1 浑河 YJF 控制单元

浑河 YJF 控制单元为点面结合型典型控制单元。该控制单元位于沈阳境内，控制单元内主要径流为细河和浑河。细河是沈阳市城污水排放的主要渠道，包括沈阳北部、西部、仙女河等主要污水处理厂，接纳处理沈阳市超过 50% 的污水，且细河流经沈阳经济技术开发区，其两岸有大中型企业及多个工业产业园区，致使细河水环境常年较差。浑河主要为农业灌溉用水，由于浑河在流入 YJF 断面之前，汇入了细河，所以在 YJF 断面的水质较差。

收集浑河 YJF 控制单元各指标数据，确定隶属度及指标权重，对该控制单元进行水环境累积风险评价。

（1）隶属度确定

整理 2006～2019 年《辽宁省统计年鉴》《中国环境统计年鉴》《中国第三产业统计年鉴》等相关年鉴和研究成果，统计浑河 YJF 控制单元的基础数据。对照指标分级标准对基础数据进行分级。以 2018 年数据为例，计算得到各指标的隶属度向量值见表 3-1。

表 3-1　各指标 2018 年隶属度向量值

指标	指标数据	隶属度向量值				
		I	II	III	IV	V
人口自然增长率(D_1)/‰	−0.6	1	0	0	0	0
人均 GDP(D_2)/美元	10823.71	0.824	0.176	0	0	0
气温变化影响(D_3)/%	5.68	0	0.774	0.226	0	0

续表

指标	指标数据	隶属度向量值				
		Ⅰ	Ⅱ	Ⅲ	Ⅳ	Ⅴ
生活污水排放量(P_1)/万吨	42386.1	0	0	0.881	0.119	0
工业废水排放量(P_2)/万吨	5368.6	0	0.877	0.123	0	0
工业企业数(P_3)/家	880	0	0	0.4	0.6	0
农用化肥施用量(P_4)/万吨	20.3	0	0	0.617	0.383	0
有效灌溉面积(P_5)/10^3 hm²	267.1	0	0	0	0	1
水质现状(S_1)	4	0	0	0	1	0
水系水质状况评价结果(S_2)	67	0.7	0.3	0	0	0
水环境事故发生频次(S_3)	1	0	1	0	0	0
水资源富余率(I_1)/%	44.6	0	0	0.488	0.512	0
万元GDP耗水量(I_2)/(m³/万元)	43.35	0	0.443	0.557	0	0
城市污水处理率(R_1)/%	94.95	0.99	0.01	0	0	0
污水处理设备(R_2)/套	338	0	0.88	0.12	0	0
农村卫生厕所普及率(R_3)/%	79.2	0	0.92	0.08	0	0
水环境相关法律制定与执行(M_1)	1	1	0	0	0	0
环保投资占GDP比重(M_2)/%	0.547	0	0	0	0.822	0.178

（2）指标权重确定

应用拉格朗日算子将熵值法和层次分析法相结合，采用组合赋权方法对浑河YJF控制单元水环境累积风险进行评价，根据结果确定指标的权重，避免主观和客观赋权的缺陷。根据地点的不同确定不同的客观权重，依据污染源的不同改变主观赋权法中的权重，最终确定各指标在控制单元的权重。

1）层次分析法

根据专家调查问卷和其他文献研究成果对各指标和各层级间进行赋权，准则层判断矩阵见表3-2。

表3-2　准则层判断矩阵

指标	驱动力(D)	压力(P)	状态(S)	影响(I)	响应(R)	管理(M)
驱动力(D)	1	1/3	1/2	2	2	3
压力(P)	3	1	2	3	3	4
状态(S)	2	1/2	1	2	2	3
影响(I)	1/2	1/3	1/2	1	1	1
响应(R)	1/2	1/3	1/2	1	1	2
管理(M)	1/3	1/4	1/3	1	1/2	1

计算得到一致性检验最大特征值 $\lambda_{max}=6.1316$，判断矩阵随机一致性比率 CR $=0.0263\leqslant0.1$，符合一致性检验。驱动力指标判断矩阵见表 3-3。

表 3-3　驱动力指标判断矩阵

指标	人口自然增长率(D_1)	人均 GDP（D_2）	气温变化影响（D_3）
人口自然增长率（D_1）	1	1	3
人均 GDP （D_2）	1	1	4
气温变化影响（D_3）	1/3	1/4	1

计算得到一致性检验最大特征值 $\lambda_{max}=3.0092$，判断矩阵随机一致性比率 CR $=0.0088\leqslant0.1$，符合一致性检验。压力指标判断矩阵见表 3-4。

表 3-4　压力指标判断矩阵

指标	生活污水排放量（P_1）	工业废水排放量（P_2）	工业企业数（P_3）	农用化肥施用量（P_4）	有效灌溉面积（P_5）
生活污水排放量（P_1）	1	1	3	1	3
工业废水排放量（P_2）	1/2	1	2	1	2
工业企业数（P_3）	1/2	1/2	1	1/2	1
农用化肥施用量（P_4）	1/2	1	2	1	2
有效灌溉面积（P_5）	1/2	1/2	1	1/2	1

计算得到一致性检验最大特征值 $\lambda_{max}=4.9593$，判断矩阵随机一致性比率 CR $=0.0091\leqslant0.1$，符合一致性检验。状态指标判断矩阵见表 3-5。

表 3-5　状态指标判断矩阵

指标	水质现状（S_1）	水系水质状况评价结果（S_2）	水环境事故发生频次（S_3）
水质现状（S_1）	1	1	2
水系水质状况评价结果（S_2）	1	1	2
水环境事故发生频次（S_3）	1/2	1/2	1

计算得到一致性检验最大特征值 $\lambda_{max}=3$，判断矩阵随机一致性比率 CR$=0\leqslant$ 0.1，符合一致性检验。影响指标判断矩阵见表 3-6。

表 3-6　影响指标判断矩阵

指标	水资源富余率（I_1）	万元 GDP 耗水量（I_2）
水资源富余率（I_1）	1	1
万元 GDP 耗水量（I_2）	1	1

计算得到一致性检验最大特征值 $\lambda_{max}=2$，判断矩阵随机一致性比率 CR＝0≤0.1，符合一致性检验。响应指标判断矩阵见表 3-7。

表 3-7　响应指标判断矩阵

指标	城市污水处理率（R_1）	污水处理设备（R_2）	农村卫生厕所普及率（R_3）
城市污水处理率（R_1）	1	3	1
污水处理设备（R_2）	1/3	1	1/2
农村卫生厕所普及率（R_3）	1	2	1

计算得到一致性检验最大特征值 $\lambda_{max}=3.0183$，判断矩阵随机一致性比率 CR＝0.0176≤0.1，符合一致性检验。管理指标判断矩阵见表 3-8。

表 3-8　管理指标判断矩阵

指标	水环境相关法律制定与执行（M_1）	环保投资占 GDP 比重（M_2）
水环境相关法律制定与执行（M_1）	1	1/2
环保投资占 GDP 比重（M_2）	2	1

计算得到一致性检验最大特征值 $\lambda_{max}=2$，判断矩阵随机一致性比率 CR＝0≤0.1，符合一致性检验。

由判断矩阵得出 λ_{max} 和特征向量，进而分析各层级之间的权重，权重计算见式（3-1）。

$$W_j = W_h W_i \tag{3-1}$$

式中　W_j——主观权重；

　　　W_h——准则层权重；

　　　W_i——指标层权重。

计算得到点面结合型指标主观权重评判见表 3-9。

表 3-9　点面结合型指标主观权重评判表

准则层	权重（W_h）	指标层	权重（W_i）	权重（W_j）
驱动力（D）	0.1645	人口自然增长率（D_1）/‰	0.4161	0.0684
		人均 GDP（D_2）/美元	0.4579	0.0753
		气温变化影响（D_3）/%	0.1260	0.0207
压力（P）	0.3170	生活污水排放量（P_1）/万吨	0.3053	0.0968
		工业废水排放量（P_2）/万吨	0.2220	0.0704
		工业企业数（P_3）/家	0.1263	0.0400
		农用化肥施用量（P_4）/万吨	0.2220	0.0704
		有效灌溉面积（P_5）/10^3 hm²	0.1263	0.0400

续表

准则层	权重(W_h)	指标层	权重(W_i)	权重(W_j)
状态(S)	0.2458	水质现状(S_1)	0.4000	0.0983
		水系水质状况评价结果(S_2)	0.4000	0.0983
		水环境事故发生频次(S_3)	0.2000	0.0492
影响(I)	0.0950	水资源富余率(I_1)/%	0.5000	0.0475
		万元 GDP 耗水量/(m³/万元)(I_2)	0.5000	0.0475
响应(R)	0.1067	城市污水处理率(R_1)/%	0.4454	0.0475
		污水处理设备(R_2)/套	0.1692	0.0181
		农村卫生厕所普及率(R_3)/%	0.3874	0.0413
管理(M)	0.0710	水环境相关的法律制定与执行(M_1)	0.3333	0.0237
		环保投资占 GDP 比重(M_2)/%	0.6667	0.0473

2）熵值法

根据熵值法的基本原理，对浑河 YJF 控制单元 2008～2018 年的各项指标数据进行归一化处理。选取非负平移的方法处理数据有 0 的情况，保证统计的数据量。

归一化处理计算结果 X_{ij} 为：

$$X_{ij} = \begin{bmatrix}
0.3953 & 1E-08 & 0.7907 & 0.1628 & 1 & 0.5628 & 0.5140 & 0.4884 & 0.3977 & 0.5744 & 0.3419 \\
0.6953 & 0.5679 & 0.4449 & 1 & 0.9491 & 0.9752 & 0.8143 & 0.6166 & 0.3567 & 0.1405 & 1E-08 \\
0.7619 & 1 & 0.7619 & 0.8571 & 0.9524 & 0.3333 & 0.0952 & 0.2381 & 1E-08 & 0.2381 & 0.6667 \\
0.7484 & 1 & 0.6496 & 0.4319 & 0.4241 & 0.0789 & 0.0531 & 1E-08 & 0.9175 & 0.8742 & 0.6959 \\
1E-08 & 0.0102 & 0.0475 & 0.6962 & 1 & 0.8404 & 0.6205 & 0.4975 & 0.2051 & 0.2365 & 0.5313 \\
0.0443 & 1E-08 & 0.4457 & 0.7935 & 0.833139 & 0.1505 & 0.1085 & 0.0490 & 0.7351 & 0.8028 & 1 \\
0.7586 & 0.7586 & 0.8276 & 0.9655 & 1 & 0.8966 & 0.6718 & 0.6552 & 0.4828 & 0.5517 & 1E-08 \\
1 & 0.9266 & 0.8650 & 0.8415 & 0.671265 & 0.7182 & 0.8171 & 0.5219 & 0.22219 & 1E-08 & 0.0079 \\
1E-08 & 1E-08 & 1E-08 & 1E-08 & 1 & 1 & 1 & 1 & 1 & 1 & 1 \\
1E-08 & 0.0724 & 0.2237 & 0.6645 & 0.5285 & 0.6162 & 0.5022 & 0.3991 & 1 & 0.9934 & 0.7588 \\
0.5 & 1E-08 & 0.25 & 1E-08 & 1E-08 & 1 & 0.5 & 0.25 & 1E-08 & 1 & 0.25 \\
0.4308 & 0.6351 & 0.2333 & 0.747897 & 1 & 0.0951 & 0.0312 & 0.3409 & 1E-08 & 0.8141 & 0.4080 \\
0.0432 & 0.1215 & 0.2040 & 1E-08 & 0.004073 & 0.0349 & 0.0566 & 0.3828 & 0.5832 & 0.8340 & 1 \\
0.0074 & 0.0391 & 0.0088 & 1E-08 & 1E-08 & 0.0051 & 0.3721 & 0.4144 & 1 & 0.7684 & 0.8302 \\
0.3906 & 1 & 0.5469 & 0.0469 & 1E-08 & 0.3672 & 0.6563 & 0.7734 & 0.3672 & 0.25 & 0.2813 \\
0.0008 & 1E-08 & 0.0957 & 0.2684 & 0.4536 & 0.5151 & 0.6300 & 0.7868 & 0.6321 & 0.8411 & 1 \\
1E-08 & 1E-08 & 1E-08 & 0.5 & 0.5 & 0.5 & 0.5 & 1 & 1 & 1 & 1 \\
0.9629 & 1 & 0.8247 & 0.5248 & 0.1896 & 0.1299 & 0.3198 & 0.0824 & 1E-08 & 0.4391 & 0.3996
\end{bmatrix}$$

计算 P_{ij} 矩阵，计算结果为：

$$P_{ij}=\begin{bmatrix}
0.0756 & 1.91\text{E}-09 & 0.1512 & 0.0311 & 0.1913 & 0.1077 & 0.0983 & 0.0934 & 0.0761 & 0.1099 & 0.0654 \\
0.1060 & 0.0866 & 0.0678 & 0.1524 & 0.1447 & 0.1486 & 0.1241 & 0.0940 & 0.0544 & 0.0214 & 1.52\text{E}-09 \\
0.1290 & 0.1694 & 0.1290 & 0.1452 & 0.1613 & 0.0565 & 0.0161 & 0.0403 & 1.69\text{E}-09 & 0.0403 & 0.1129 \\
0.1274 & 0.1703 & 0.1106 & 0.0735 & 0.0722 & 0.0134 & 0.0090 & 1.7\text{E}-09 & 0.1562 & 0.1488 & 0.1185 \\
2.13\text{E}-09 & 0.0022 & 0.0101 & 0.1486 & 0.2134 & 0.1794 & 0.1324 & 0.1062 & 0.0438 & 0.0505 & 0.1134 \\
0.0089 & 2.02\text{E}-09 & 0.0898 & 0.1599 & 0.1679 & 0.0303 & 0.0219 & 0.0099 & 0.1481 & 0.1618 & 0.2015 \\
0.1002 & 0.1002 & 0.1093 & 0.1276 & 0.1321 & 0.1185 & 0.0888 & 0.0866 & 0.0638 & 0.0729 & 1.32\text{E}-09 \\
0.1517 & 0.1406 & 0.1312 & 0.1277 & 0.1018 & 0.1090 & 0.1240 & 0.0792 & 0.0337 & 1.52\text{E}-09 & 0.0012 \\
1.43\text{E}-09 & 1.43\text{E}-09 & 1.43\text{E}-09 & 1.43\text{E}-09 & 0.1429 & 0.1429 & 0.1429 & 0.1429 & 0.1429 & 0.1429 & 0.1429 \\
1.74\text{E}-09 & 0.0126 & 0.0388 & 0.1154 & 0.0918 & 0.1070 & 0.0872 & 0.0693 & 0.1736 & 0.1725 & 0.1318 \\
0.1333 & 2.67\text{E}-09 & 0.0667 & 2.67\text{E}-09 & 2.67\text{E}-09 & 0.2667 & 0.1333 & 0.0667 & 2.67\text{E}-09 & 0.2667 & 0.0667 \\
0.0910 & 0.1341 & 0.0493 & 0.1579 & 0.2111 & 0.0201 & 0.0066 & 0.0720 & 2.11\text{E}-09 & 0.1719 & 0.0861 \\
0.0132 & 0.0372 & 0.0625 & 3.06\text{E}-09 & 0.001248 & 0.0107 & 0.0174 & 0.1173 & 0.1787 & 0.2555 & 0.3063 \\
0.0022 & 0.0113 & 0.0026 & 2.9\text{E}-09 & 2.9\text{E}-09 & 0.0015 & 0.1080 & 0.1203 & 0.2902 & 0.2230 & 0.2410 \\
0.0835 & 0.2137 & 0.1169 & 0.0100 & 2.14\text{E}-09 & 0.0785 & 0.1402 & 0.1653 & 0.0785 & 0.0534 & 0.0601 \\
0.0002 & 1.91\text{E}-09 & 0.0183 & 0.0514 & 0.0868 & 0.0986 & 0.1206 & 0.1506 & 0.1210 & 0.1610 & 0.1914 \\
1.67\text{E}-09 & 1.67\text{E}-09 & 1.67\text{E}-09 & 0.0833 & 0.0833 & 0.0833 & 0.0833 & 0.1667 & 0.1667 & 0.1667 & 0.1667 \\
0.1976 & 0.2052 & 0.1692 & 0.1077 & 0.0389 & 0.0267 & 0.0656 & 0.0169 & 2.05\text{E}-09 & 0.0901 & 0.0820
\end{bmatrix}$$

计算熵值 E_j，其中 k 为常数 $1/\ln m$，$m=11$，得出 $k=0.417032391$。计算得到熵值为：

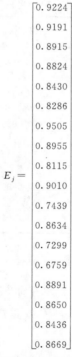

$$E_j=\begin{bmatrix}
0.9224 \\
0.9191 \\
0.8915 \\
0.8824 \\
0.8430 \\
0.8286 \\
0.9505 \\
0.8955 \\
0.8115 \\
0.9010 \\
0.7439 \\
0.8634 \\
0.7299 \\
0.6759 \\
0.8891 \\
0.8650 \\
0.8436 \\
0.8669
\end{bmatrix}$$

计算信息熵的冗余度 d_j，各指标权重 S_j，得到指标客观权重见表 3-10。

表 3-10　指标客观权重

指标	权重(S_j)	指标	权重(S_j)	指标	权重(S_j)
D_1	0.0290	P_4	0.0185	I_2	0.1009
D_2	0.0302	P_5	0.0390	R_1	0.1211
D_3	0.0405	S_1	0.0704	R_2	0.0414
P_1	0.0439	S_2	0.0370	R_3	0.0504
P_2	0.0586	S_3	0.0957	M_1	0.0584
P_3	0.0640	I_1	0.0510	M_2	0.0497

3）组合权重

运用拉格朗日算子的方法确定两种权重间的最优组合关系，进而确定各指标组合权重值，计算出 $K_1=4.116$ 和 $K_2=3.2938$，将 K_1、K_2 进行归一化处理，得到最优组合权重系数 $K'_1=0.5555$、$K'_2=0.4445$，计算得出指标组合权重见表3-11。

表 3-11　指标组合权重

指标	权重(ω_j)	指标	权重(ω_j)	指标	权重(ω_j)
D_1	0.0509	P_4	0.0473	I_2	0.0712
D_2	0.0553	P_5	0.0396	R_1	0.0802
D_3	0.0295	S_1	0.0859	R_2	0.0285
P_1	0.0733	S_2	0.0710	R_3	0.0454
P_2	0.0652	S_3	0.0699	M_1	0.0391
P_3	0.0507	I_1	0.0491	M_2	0.0484

（3）模糊综合评价

运用模糊综合法计算综合评价结果隶属度，以2018年浑河 YJF 控制单元各指标基础数据为例，确定模糊矩阵 R 及权重矩阵 ω，基于矩阵乘法计算出对应等级的隶属度矩阵 B。

$$R = \begin{bmatrix} 1 & 0 & 0 & 0 & 0 \\ 0.824 & 0.176 & 0 & 0 & 0 \\ 0 & 0.774 & 0.226 & 0 & 0 \\ 0 & 0 & 0.881 & 0.119 & 0 \\ 0 & 0.877 & 0.123 & 0 & 0 \\ 0 & 0 & 0.4 & 0.6 & 0 \\ 0 & 0 & 0.617 & 0.383 & 0 \\ 0 & 0 & 0 & 0 & 1 \\ 0 & 0 & 0 & 1 & 0 \\ 0.7 & 0.3 & 0 & 0 & 0 \\ 0 & 1 & 0 & 0 & 0 \\ 0 & 0 & 0.488 & 0.512 & 0 \\ 0 & 0.443 & 0.557 & 0 & 0 \\ 0.99 & 0.01 & 0 & 0 & 0 \\ 0 & 0.88 & 0.12 & 0 & 0 \\ 0 & 0.92 & 0.08 & 0 & 0 \\ 1 & 0 & 0 & 0 & 0 \\ 0 & 0 & 0 & 0.822 & 0.178 \end{bmatrix} \quad \omega = \begin{bmatrix} 0.0509 \\ 0.0553 \\ 0.0295 \\ 0.0733 \\ 0.0652 \\ 0.0507 \\ 0.0473 \\ 0.0396 \\ 0.0859 \\ 0.0710 \\ 0.0699 \\ 0.0491 \\ 0.0712 \\ 0.0802 \\ 0.0285 \\ 0.0454 \\ 0.0391 \\ 0.0484 \end{bmatrix}^T$$

$$B = \omega R = \begin{bmatrix} 0.265 & 0.280 & 0.199 & 0.208 & 0.048 \end{bmatrix}$$

基于加权平均原则，计算风险得分 C，按照五级五分制原则设定每级的得分 $A = (a_1, a_2, \cdots, a_j) = (1, 2, 3, 4, 5)$。

2018 年浑河 YJF 控制单元最终累积风险得分 C 为 2.494，属于中风险。同理，可得各年份浑河 YJF 控制单元的各子系统的风险得分以及风险程度，2008～2018 年累积风险评分结果见表 3-12。

表 3-12　2008～2018 年累积风险评分结果

子系统	2008 年	2009 年	2010 年	2011 年	2012 年	2013 年	2014 年	2015 年	2016 年	2017 年	2018 年
D	0.363	0.377	0.325	0.224	0.218	0.169	0.254	0.195	0.282	0.271	0.182
P	0.989	1.030	0.891	0.887	0.952	0.964	1.046	1.027	1.016	0.913	0.908
S	0.872	0.994	0.854	0.756	0.824	0.931	0.763	0.721	0.613	0.529	0.576
I	0.526	0.575	0.466	0.447	0.310	0.312	0.590	0.380	0.379	0.403	0.354
R	0.624	0.584	0.623	0.476	0.394	0.290	0.271	0.252	0.252	0.326	0.236
M	0.351	0.349	0.359	0.359	0.317	0.320	0.320	0.305	0.249	0.239	0.241
评分结果	3.726	4.144	3.519	3.149	3.015	2.985	3.244	2.879	2.792	2.681	2.494

从表 3-12 评分结果可以看出，YJF 控制单元整体水环境累积风险逐年呈下降

趋势。分析各子系统的变化可以看出，驱动力子系统近些年也有一定下降。计算得到驱动力子系统各指标对累积风险影响评价结果见图 3-1。

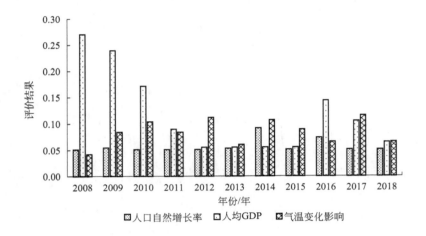

图 3-1   驱动力子系统各指标对累积风险影响评价结果

分析驱动力子系统各指标对水环境累积风险的影响情况。可以看出，人口自然增长率影响较小且较为稳定，人均 GDP 变化幅度较大且呈"U"形与环境库兹涅曲线相近。2008 年经济对水环境累积风险的影响较大，随着经济的发展，其对环境的影响逐步降低；2016 年经济对环境的影响变大，风险值上升。气候变化影响属于不可控因素，整体变化趋势较难分析，但可以较为客观地看出，相较于 2008 年气候变化对水环境累积性的影响，整体有变大的趋势。经分析，导致驱动力风险下降的主要原因是人均 GDP 的提升，同时部分年由于气候变化等影响有一定回升。为降低驱动力子系统对该控制单元水环境累积风险造成的影响，在保证经济发展的同时，应加强民众的节水意识，减少随着人口的增加对水环境累积风险造成影响。

根据表 3-12 可以看出，压力子系统的风险较大且变化幅度较小。计算得到压力子系统各指标对累积风险影响的评价结果见图 3-2。

分析压力子系统各指标对水环境累积风险的影响情况。可以看出，该地区污染情况变化较小。生活污水排放量自 2011 年后逐渐变高，体现了人口增长对用水和排水带来的影响。工业废水排放量呈先增长后下降的状态，说明随着经济的发展、技术的升级，该地区企业减少了对环境的影响。随着政府管理的加强，工业企业数对水环境累积风险的影响会下降且逐步保持平稳。由于耕地和农产量基本保持不变，所以农用化肥施用量和有效灌溉面积基本保持不变。为降低水环境累积风险需要提倡节约用水，降低生活污水排放造成的风险。同时，由于耕地面积及化肥施用量变化较小，建议减少每亩化肥施用量，以降低水环境累积风险的影响。

根据表 3-12 可以看出，状态子系统整体呈下降趋势，部分年份有一定波动。

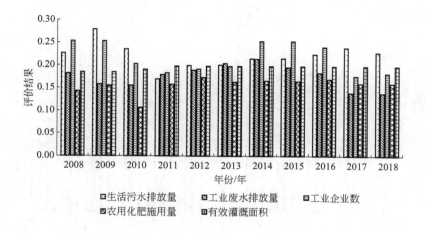

图 3-2　压力子系统各指标对累积风险影响评价结果

计算得到状态子系统各指标对累积风险影响评价结果见图 3-3。

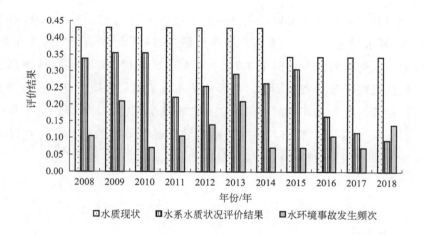

图 3-3　状态子系统各指标对累积风险影响评价结果

分析状态子系统各指标对水环境累积风险的影响情况。可以看出，浑河 YJF 控制单元水质对水环境累积风险影响较大，随着治理工程的推进，水质情况有一定改善。提升较为明显的是流域水系水质评价结果，自 2015 年后流域内水质达标断面数提升明显，对水环境累积风险的影响较小，也是使状态子系统对水环境累积风险造成影响下降的主要原因。水环境事故发生频次波动较大，事故发生频次较低对水环境累积风险影响较小。为降低状态子系统对该控制单元水环境累积风险的影响，应持续提高水质质量。

根据表 3-12 可以看出，影响子系统存在较大波动，其中 2014 年该子系统对水环境累积风险值造成的影响最高。计算得到影响子系统各指标对累积风险影响评价结果见图 3-4。

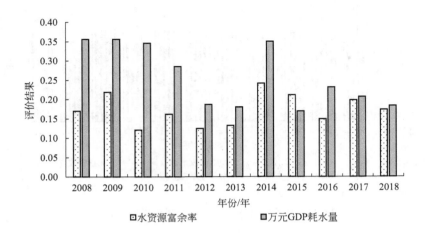

图 3-4   影响子系统各指标对累积风险影响评价结果

分析各指标对水环境累积风险的影响情况可以看出，浑河 YJF 控制单元中万元 GDP 耗水量是对水环境累积风险影响最大的指标，水资源富余率在 2014 年对水环境累积风险影响最大，由于在 2014 年浑河 YJF 控制单元地区迎来高温天气，降雨量较少最终导致水资源稀缺，使影响子系统的累积风险升高。水资源富余率属于不可控指标，降低水环境累积风险主要应提高生产技术，降低万元 GDP 耗水量。

根据表 3-12 可以看出，响应子系统呈现逐年降低的趋势，计算得到响应子系统各指标对累积风险影响评价结果见图 3-5。

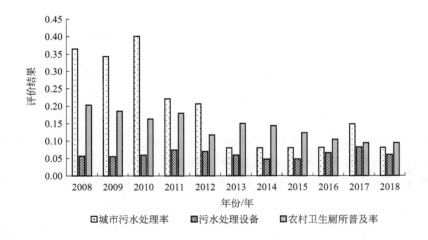

图 3-5   响应子系统各指标对累积风险影响评价结果

　　分析响应子系统各指标对水环境累积风险的影响情况。城市污水处理率是下降最大的指标，也是造成影响子系统下降的主要原因，随着政府对水环境问题的重视，污水统一处理排放，降低了水环境累积风险。污水处理设备对水环境累积风险影响波动较小，且影响较低。农村卫生厕所普及率也在持续提高，使水环境累积风险降低。相较于城市污水处理率，农村卫生厕所普及率仍有较大提升空间，所以主要应提高农村卫生厕所普及率，以实现持续降低响应子系对水环境累积风险影响的目的。

　　根据表 3-12 可以看出管理子系统呈下降趋势，管理子系统各指标对累积风险影响评价结果见图 3-6。

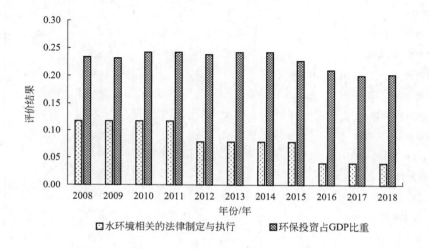

图 3-6　管理子系统各指标对累积风险影响评价结果

　　分析管理子系统各指标对水环境累积风险的影响情况。其中环保投资占 GDP 的比重是对水环境累积风险影响较大的指标，但有一定下降趋势。水环境相关的法律制定与执行对水环境累积风险的影响较小且下降幅度明显，这反映了政府对水环境的监管力度逐年加强，且该指标也是造成累积风险下降的主要原因。为降低对该地区累积风险的影响，应持续保证水环境相关的法律制定与执行情况，且需要提高环保投资占 GDP 的比重。

3.1.2　蒲河 PHY 控制单元

　　蒲河 PHY 控制单元为点面结合型典型控制单元，控制单元内水体主要为蒲河。蒲河隶属于浑河水系，是浑河右岸主要支流，发源于铁岭县横道河子乡想儿山，从东北流向西南，主要流经东陵、沈北新区、于洪、新民市、皇姑区、大东区和辽中行政区。在棋盘山风景区上游望滨乡石砬子村入境，流经 11 个乡镇于朱家房黄土坎村入浑河。控制单元内蒲河中游企业主要是制药企业，上下游主要为农业区。

（1）隶属度确定

整理 2006～2019 年《辽宁省统计年鉴》《中国环境统计年鉴》《中国第三产业统计年鉴》等相关年鉴和研究，统计蒲河 PHY 控制单元的基础数据。

按照指标分级标准对基础数据进行分级。以 2018 年数据为例，计算各指标的隶属度，计算得到各指标 2018 年隶属度向量值见表 3-13。

表 3-13　各指标 2018 年隶属度向量值

指标名称	指标数据	隶属度向量值				
		Ⅰ	Ⅱ	Ⅲ	Ⅳ	Ⅴ
人口自然增长率(D_1)/‰	−0.6	1	0	0	0	0
人均 GDP(D_2)/美元	10823.71	0.824	0.176	0	0	0
气温变化影响(D_3)/%	5.68	0	0.774	0.226	0	0
生活污水排放量(P_1)/万吨	42386.1	0	0	0.881	0.119	0
工业废水排放量(P_2)/万吨	5368.6	0	0.877	0.123	0	0
工业企业数(P_3)/家	880	0	0	0.4	0.6	0
农用化肥施用量(P_4)/万吨	20.3	0	0	0.617	0.383	0
有效灌溉面积(P_5)/10^3 hm²	267.1	0	0	0	0	1
水质现状(S_1)	4	0	0	0	1	0
水系水质状况评价结果(S_2)	67	0.7	0.3	0	0	0
水环境事故发生频次(S_3)	1	0	1	0	0	0
水资源富余率(I_1)/%	44.6	0	0	0.488	0.512	0
万元 GDP 耗水量(I_2)/(m³/万元)	43.35	0	0.443	0.557	0	0
城市污水处理率(R_1)/%	94.95	0.99	0.01	0	0	0
污水处理设备(R_2)/套	338	0	0.88	0.12	0	0
农村卫生厕所普及率(R_3)/%	79.2	0	0.92	0.08	0	0
水环境相关法律制定与执行(M_1)	1	1	0	0	0	0
环保投资占 GDP 比重(M_2)/%	0.547	0	0	0	0.822	0.178

（2）指标权重确定

应用层次分析法计算指标主观权重，根据蒲河 PHY 控制单元的实际情况进行专家打分，确定指标主观权重见表 3-14。

表 3-14　指标主观权重

指标	权重(W_j)	指标	权重(W_j)	指标	权重(W_j)
D_1	0.0684	P_4	0.0491	I_2	0.0475
D_2	0.0753	P_5	0.0529	R_1	0.0475

续表

指标	权重(W_j)	指标	权重(W_j)	指标	权重(W_j)
D_3	0.0207	S_1	0.0983	R_2	0.0181
P_1	0.1512	S_2	0.0983	R_3	0.0413
P_2	0.0333	S_3	0.0492	M_1	0.0237
P_3	0.0303	I_1	0.0475	M_2	0.0473

　　根据当地 2008~2018 年的各项指标数据，计算指标的信息熵值。根据信息熵的冗余度，计算得到指标客观权重见表 3-15。

表 3-15　指标客观权重

指标	权重(S_j)	指标	权重(S_j)	指标	权重(S_j)
D_1	0.0290	P_4	0.0185	I_2	0.1009
D_2	0.0302	P_5	0.0390	R_1	0.1211
D_3	0.0405	S_1	0.0704	R_2	0.0414
P_1	0.0439	S_2	0.0370	R_3	0.0504
P_2	0.0586	S_3	0.0957	M_1	0.0584
P_3	0.0640	I_1	0.0510	M_2	0.0497

　　运用拉格朗日算子方法确定两种权重间的最优组合关系，进而确定组合的权重值。计算出系数 K_1、K_2，将 K_1、K_2 进行归一化处理，得到最优组合权重系数 $K'_1 = 0.5575$、$K'_2 = 0.4425$，计算得出指标组合权重见表 3-16。

表 3-16　指标组合权重

指标	权重(ω_j)	指标	权重(ω_j)	指标	权重(ω_j)
D_1	0.0510	P_4	0.0356	I_2	0.0711
D_2	0.0554	P_5	0.0468	R_1	0.0801
D_3	0.0295	S_1	0.0860	R_2	0.0284
P_1	0.1038	S_2	0.0712	R_3	0.0454
P_2	0.0445	S_3	0.0697	M_1	0.0390
P_3	0.0452	I_1	0.0491	M_2	0.0484

（3）模糊综合评价

　　运用模糊综合法计算蒲河 PHY 控制单元的水环境累积风险评价结果。根据平均加权原则确定各年份的风险得分以及各子系统的风险得分，2008~2018 年累积风险评分结果见表 3-17。

表 3-17　2008~2018 年累积风险评分结果

子系统	2008 年	2009 年	2010 年	2011 年	2012 年	2013 年	2014 年	2015 年	2016 年	2017 年	2018 年
D	0.3639	0.3774	0.3259	0.2248	0.2180	0.1691	0.2540	0.1955	0.2828	0.2717	0.1818
P	0.9966	1.0641	0.9258	0.8780	0.9468	0.9567	1.0352	1.0223	1.0194	0.9452	0.9354
S	0.8735	0.9951	0.8557	0.7567	0.8250	0.9317	0.7639	0.7220	0.6137	0.5298	0.5760
I	0.5252	0.5740	0.4659	0.4462	0.3102	0.3113	0.5897	0.3793	0.3791	0.4025	0.3542
R	0.6235	0.5838	0.6226	0.4750	0.3937	0.2897	0.2711	0.2513	0.2520	0.3252	0.2355
M	0.3509	0.3486	0.3590	0.3590	0.3163	0.3200	0.3200	0.3048	0.2490	0.2391	0.2412
评分结果	3.7335	3.9430	3.5548	3.1396	3.0101	2.9785	3.2339	2.8752	2.7960	2.7135	2.5242

　　从表 3-17 评分结果中可以看出，PHY 控制单元整体水环境累积风险逐年呈下降趋势。计算得到驱动力子系统各指标对累积风险影响评价结果见图 3-7。

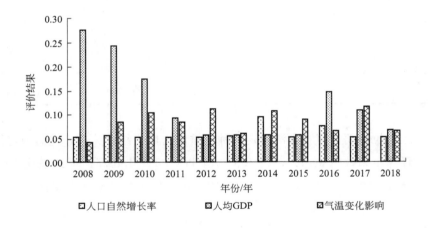

图 3-7　驱动力子系统各指标对累积风险影响评价结果

　　驱动力子系统近些年有一定下降，分析驱动力子系统各指标对水环境累积风险的影响情况。可以看出，人口自然增长率影响较小且较为稳定，人均 GDP 变化幅度较大且呈 "U" 形与环境库兹涅曲线相近。2008 年驱动力子系统对水环境累积风险的影响较大，随着经济的发展，其对环境的影响逐步降低，2016 年驱动力子系统的风险值上升。相较于 2008 年气候变化对水环境累积性的影响，气候变化整体有变大的趋势。经分析，导致驱动力风险下降的主要原因是人均 GDP 的提升，同时部分年由于气候变化等影响有一定回升。为降低驱动力子系统对该控制单元水环境累积风险造成的影响，需要加强民众的节水意识，减少人口增加对水环境累积风险造成的影响。

　　根据表 3-17 可以看出，压力子系统的风险较大且变化幅度较小。计算得到压力子系统中各指标对累积风险影响评价结果见图 3-8。

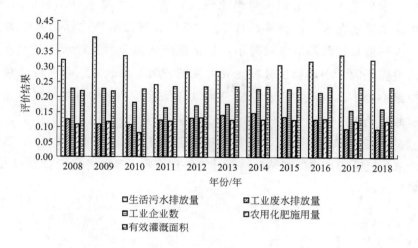

图 3-8　压力子系统各指标对累积风险影响评价结果

分析压力子系统各指标对水环境累积风险的影响情况。可以看出，该地区污染情况变化较小。自 2011 年后生活污水排放量逐渐变高，充分说明人口增长对用水和排水带来了一定影响。工业废水排放量呈先增长后下降的状态，说明随着政府对工业企业废水排放管理的加强，工业企业对水环境累积风险的影响会逐步下降且保持平稳。该控制单元内耕地和农产量基本保持不变，因此农用化肥施用量和有效灌溉面积基本保持不变。节约用水、减少生活污水排放、减少每亩化肥施用量可以降低压力子系统对水环境累积风险的影响。

根据表 3-17 可以看出，状态子系统整体呈下降趋势，部分年份有一定波动。计算得到状态子系统各指标对累积风险影响评价结果见图 3-9。

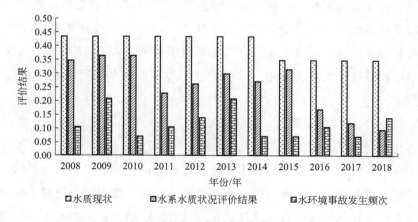

图 3-9　状态子系统各指标对累积风险影响评价结果

分析状态子系统各指标对水环境累积风险的影响情况。可以看出，PHY 控制单元水质对水环境累积风险影响较大，随着水环境治理工程的推进，PHY 控制单元水质情况有一定改善。自 2015 年后流域内水质达标断面数提升明显，水质对水环境累积风险的影响较小，也是造成状态子系统对水环境累积风险影响下降的主要原因。水环境事故发生频次波动较大，事故发生频次较低对水环境累积风险影响较小。持续提高水质质量可以降低状态子系统对该控制单元水环境累积风险的影响。

根据表 3-17 可以看出，影响子系统存在较大波动，其中 2014 年该子系统对水环境累积风险值造成的影响最高。计算得到影响子系统各指标对累积风险影响评价结果见图 3-10。

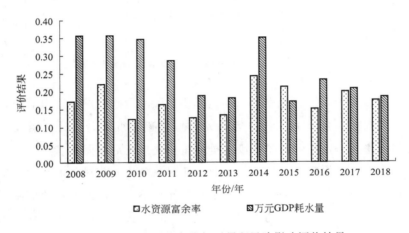

图 3-10　影响子系统各指标对累积风险影响评价结果

分析影响子系统各指标对水环境累积风险的影响情况。可以看出，PHY 控制单元中万元 GDP 耗水量是对水环境累积风险影响最大的指标，2014 年水资源富余率对水环境累积风险影响最大，由于在 2014 年 PHY 控制单元地区迎来高温天气，降雨量减少导致水资源量短缺，因此影响子系统的累积风险升高。水资源富余率属于不可控指标，提高生产技术、降低万元 GDP 耗水量可以有效降低水环境累积风险。

根据表 3-17 可以看出，响应子系统呈现逐年降低的趋势，计算得到响应子系统各指标对累积风险影响评价结果见图 3-11。

分析响应子系统各指标对水环境累积风险的影响情况。可以看出，随着政府对水环境问题的重视，污水的统一处理排放，降低了城市污水处理率对水环境累积风险的影响。污水处理设备对水环境累积风险影响较低，且波动较小。农村卫生厕所普及率持续提高，使水环境累积风险得到降低。提高农村卫生厕所普及率，可以达到持续降低响应子系对水环境累积风险影响的目的。

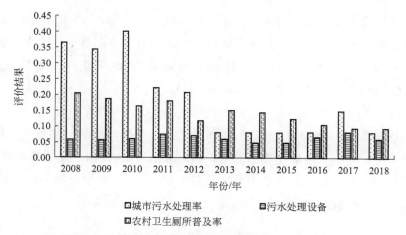

图 3-11　响应子系统各指标对累积风险影响评价结果

根据表 3-17 可以看出，管理子系统呈下降趋势，管理子系统各指标对累积风险影响评价结果见图 3-12。

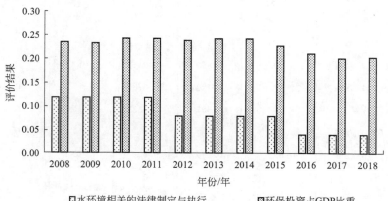

图 3-12　管理子系统各指标对累积风险影响评价结果

分析管理子系统各指标对水环境累积风险的影响情况。其中环保投资占GDP 的比重是对水环境累积风险的影响较大的指标，呈下降趋势。水环境相关的法律制定与执行对水环境累积风险的影响较小且下降幅度明显，这反映了政府对水环境的监管力度逐年加强，且该指标也是造成累积风险下降的主要原因。持续保证水环境相关的法律制定与执行，提高环保投资占 GDP 的比重可以降低该地区累积风险。

3.2　面源型控制单元累积风险评价

绕阳河 PJ 控制单元为面源型典型控制单元。绕阳河是辽河的重要组成部分，发源于察哈尔山，自北向南于胜利塘汇入辽河。绕阳河 PJ 控制单元主要支流有西沙河、月牙河等。控制单元覆盖区域内大部分以农业灌溉生产为主，据统计绕阳河 PJ 段控制单元 COD，$NH_3\text{-}N$ 污染负荷面源贡献率居高，COD 面源贡献率达 93.10%、TN 面源贡献率达 92.88%。

（1）隶属度确定

整理 2008～2018 年《辽宁省统计年鉴》《中国环境统计年鉴》《中国第三产业统计年鉴》等相关年鉴和检测数据，确定绕阳河 PJ 控制单元的基本数据。

对照指标分级标准对基本数据进行分级，以 2018 年数据为例，计算得到各指标 2018 年隶属度向量值见表 3-18。

表 3-18　各指标 2018 年隶属度向量值

指标名称	指标数据	隶属度向量值				
		I	II	III	IV	V
人口自然增长率(D_1)/‰	3.6	0	0.56	0.44	0	0
人均 GDP(D_2)/美元	12086	1	0	0	0	0
气温变化影响(D_3)/%	0.016	1	0	0	0	0
生活污水排放量(P_1)/万吨	5610.8	0.959	0.041	0	0	0
工业废水排放量(P_2)/万吨	2832.9	0.722	0.278	0	0	0
工业企业数(P_3)/家	200	0.667	0.333	0	0	0
农用化肥施用量(P_4)/万吨	4.3	1	0	0	0	0
有效灌溉面积(P_5)/10^3 hm²	96.2	0.076	0.924	0	0	0
水质现状(S_1)	4	0	0	0	1	0
水系水质状况评价结果(S_2)/%	70.2	0.7	0.3	0	0	0
水环境事故发生频次(S_3)	0.5	0.5	0.5	0	0	0
水资源富余率(I_1)/%	0.446	0	0	0.488	0.512	0
万元 GDP 耗水量(I_2)/(m³/万元)	73.565	0	0	0	0.429	0.571
城市污水处理率(R_1)/%	99	1	0	0	0	0
污水处理设备(R_2)/套	78	0	0	0	0.28	0.72
农村卫生厕所普及率(R_3)/%	79.2	0	0.92	0.08	0	0
水环境相关法律制定与执行(M_1)	1	1	0	0	0	0
环保投资占 GDP 比重(M_2)/%	0.287	0	0	0	0	1

（2）指标权重确定

应用层次分析法计算指标主观权重，根据绕阳河 PJ 控制单元的实际情况进行专家打分，确定指标主观权重如表 3-19 所示。

表 3-19　指标主观权重

指标	权重(W_j)	指标	权重(W_j)	指标	权重(W_j)
D_1	0.0684	P_4	0.1525	I_2	0.0475
D_2	0.0753	P_5	0.0977	R_1	0.0475
D_3	0.0207	S_1	0.0983	R_2	0.0181
P_1	0.0350	S_2	0.0983	R_3	0.0413
P_2	0.0167	S_3	0.0492	M_1	0.0237
P_3	0.0152	I_1	0.0475	M_2	0.0473

　　根据当地 2008～2018 年的各项指标数据，计算指标信息熵值；根据信息熵的冗余度，计算得到具体客观权重如表 3-20 所示。

表 3-20　指标客观权重

指标	权重(S_j)	指标	权重(S_j)	指标	权重(S_j)
D_1	0.0290	P_4	0.0185	I_2	0.1009
D_2	0.0302	P_5	0.0390	R_1	0.1211
D_3	0.0405	S_1	0.0704	R_2	0.0414
P_1	0.0439	S_2	0.0370	R_3	0.0504
P_2	0.0586	S_3	0.0957	M_1	0.0584
P_3	0.0640	I_1	0.0510	M_2	0.0497

　　运用拉格朗日算子方法确定两种权重间的最优组合关系，进而确定组合的权重值。计算出系数 K_1、K_2，将 K_1、K_2 进行归一化处理，得到最优组合权重系数 $K_1'=0.5718$、$K_2'=0.4282$，计算得出指标组合权重见表 3-21。

表 3-21　指标组合权重

指标	权重(ω_j)	指标	权重(ω_j)	指标	权重(ω_j)
D_1	0.0494	P_4	0.0982	I_2	0.0533
D_2	0.0582	P_5	0.0894	R_1	0.0991
D_3	0.0284	S_1	0.0765	R_2	0.0389
P_1	0.0319	S_2	0.0714	R_3	0.0443
P_2	0.0284	S_3	0.0570	M_1	0.0434
P_3	0.0317	I_1	0.0481	M_2	0.0528

（3）模糊综合评价

　　运用模糊综合法计算绕阳河 PJ 段控制单元的水环境累积风险评价结果，并根据平均加权原则确定各年份水环境累积风险得分以及各子系统的风险得分，2008～

2018 年累积风险评分结果见表 3-22。

表 3-22　2008～2018 年累积风险评分结果

子系统	2008 年	2009 年	2010 年	2011 年	2012 年	2013 年	2014 年	2015 年	2016 年	2017 年	2018 年
D	0.425	0.425	0.443	0.152	0.213	0.183	0.275	0.212	0.259	0.211	0.207
P	0.397	0.397	0.400	0.417	0.423	0.398	0.413	0.412	0.396	0.404	0.382
S	0.808	0.825	0.797	0.691	0.724	0.761	0.628	0.749	0.557	0.479	0.484
I	0.433	0.481	0.377	0.372	0.261	0.264	0.497	0.333	0.357	0.459	0.413
R	0.771	0.871	0.849	0.469	0.407	0.440	0.422	0.403	0.386	0.377	0.375
M	0.385	0.383	0.394	0.394	0.329	0.351	0.330	0.350	0.307	0.275	0.307
评分结果	3.219	3.382	3.260	2.495	2.357	2.397	2.566	2.458	2.263	2.206	2.168

根据表 3-22 评分结果可以看出，绕阳河 PJ 控制单元整体水环境累积风险变化呈下降趋势，分析各子系统对该控制单元累积风险的影响，可以看出驱动力子系统的影响下降。计算得到驱动力子系统各指标对累积风险影响评价结果见图 3-13。

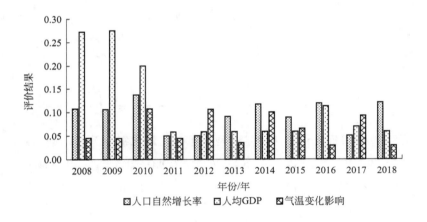

图 3-13　驱动力子系统各指标对累积风险向影响评价结果

分析驱动力子系统各指标对水环境累积风险的影响情况。可以看出，人均GDP 变化幅度较大且呈 "U" 形与环境库兹涅曲线相近，2008 年经济对水环境累积风险的影响较大，随着经济的发展，其对环境的影响逐步降低，2016 年经济对环境的影响变大，风险值有一定反弹。2011 年、2012 年人口自然增长率最低，对水环境累积风险影响较小，其余年份影响基本保持不变，但随着时间发展，人口自然增长率逐渐成为影响累积风险的主要因素，随着人口的增加供用水量也会有较大提升，对水环境累积风险的影响也会提高。气候变化影响属于不可控因素，整体变化趋势较难分析，但可以客观地看出，2010 年、2012 年、2014 年、2017 年该控制单元的气候变化较为明显。

　　根据表 3-22 可以看出，压力子系统的风险较小且变化幅度较小，计算得到压力子系统各指标对累积风险影响的评价结果见图 3-14。

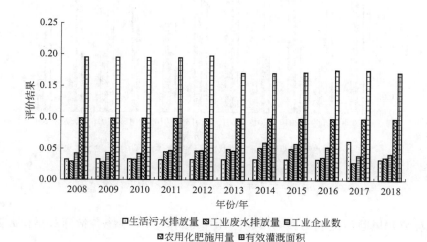

图 3-14　压力子系统各指标对累积风险影响评价结果

　　分析压力子系统各指标对水环境累积风险的影响情况。可以看出，该地区的污染情况变化较小，2017 年生活污水排放量较高，其余年份基本保持不变。工业废水排放量呈先增长后下降的状态，随着经济的发展，该地区企业对水环境的污染逐渐增大，之后随着环保监管力度的提升，企业生产技术的升级，又实现了降低生产用水对水环境影响的目的。2014～2016 年工业企业数量达到最高，随着政府淘汰了一批污染严重的企业从根本上提高该控制单元的环境质量，2017 年工业企业数量出现了下降。有效灌溉面积是影响最大的指标，这是由于该控制单元内主要以农业生产为主，耕地面积较大，2013 年后耕地面积有一定下降但下降幅度较小。农用化肥施用量基本保持不变，但由于施用量较大，所以对水环境累积风险造成的影响较大。在保证粮食产值不变的条件下适当减少每亩化肥施用量及耕地面积，可有效降低压力子系统对水环境累积风险的影响。

　　根据表 3-22 可以看出，状态子系统在 2015 年后有明显下降趋势，部分年份有一定波动。计算得到状态子系统各指标对累积风险影响评价结果见图 3-15。

　　分析状态子系统各指标对水环境累积风险的影响情况。可以看出，绕阳河 PJ 控制单元水质对水环境累积风险影响较大，但随着治理工程的推进，水质情况有一定改善。自 2010 年后流域内水质达标断面数提升明显，对水环境累积风险的影响逐渐减小，也是使状态子系统对水环境累积风险造成影响下降的主要原因。虽然水环境事故发生频次波动较大，但总体来说水环境事故发生频次较低，所以对水环境累积风险影响较小。

　　根据表 3-22 可以看出，影响子系统存在较大波动，其中 2014 年该子系统对水

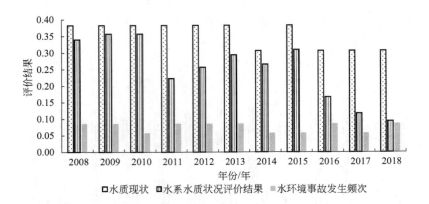

图 3-15　状态子系统各指标对累积风险影响评价结果

环境累积风险值造成的影响最高。计算得到影响子系统各指标对累积风险影响评价结果见图 3-16。

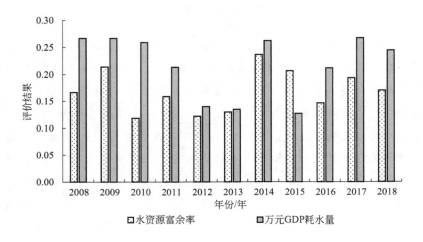

图 3-16　影响子系统各指标对累积风险影响评价结果

　　分析影响子系统各指标对水环境累积风险的影响情况。可以看出，绕阳河 PJ 控制单元中万元 GDP 耗水量是对水环境累积风险影响最大的指标。2015 年前由于统计数据不足，采用辽宁省平均数据仅反映总体变化趋势，2015 年后可以看出，该控制单元中万元 GDP 耗水量对水环境累积风险影响依然较大。水资源富余率在 2014 年对水环境累积风险影响最大，由于在 2014 年绕阳河 PJ 控制单元迎来高温天气，造成降雨量较少，最终导致水资源稀缺使影响子系统的累积风险升高。

　　根据表 3-22 可以看出，响应子系统呈现逐年降低的趋势，计算得到响应子系统各指标对累积风险影响评价结果见图 3-17。

　　分析响应子系统各指标对水环境累积风险的影响情况。城市污水处理率是下降

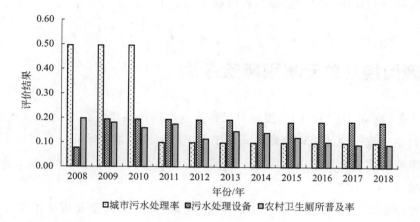

图 3-17　响应子系统各指标对累积风险影响评价结果

最大的指标，也是造成影响子系统下降的主要原因。该控制单元内主要为村镇，随着政府对水环境问题的重视，村镇污水得以统一处理，降低了对水环境累积风险的影响。污水处理设备对水环境累积风险影响波动较小，但影响较大，村镇中需要增加污水处理设备数量，减少对该控制单元水环境累积风险的影响。为降低响应子系统对该地区水环境累积风险的影响，主要应增加污水处理设备，同时要持续提高农村卫生厕所普及率。

根据表 3-22 可以看出，管理子系统呈下降趋势，计算得到管理子系统各指标对累积风险影响评价结果见图 3-18。

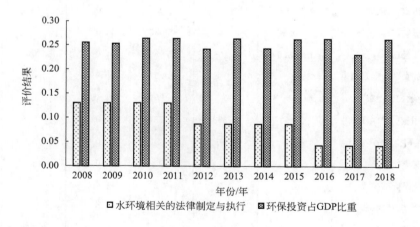

图 3-18　管理子系统各指标对累积风险影响评价结果

分析各指标对水环境累积风险的影响情况。环保投资占 GDP 的比重是对水环境累积风险的影响较大的指标，且长期没有改善。水环境相关的法律制定与执行对水环境累积风险的影响较小且下降幅度明显，这反映了政府对水环境的监管力度逐年加强，且该指标也是造成累积风险下降的主要原因。

3.3 点源型控制单元累积风险评价

选择鞍山太子河 LJT 控制单元作为点源污染典型控制单元。太子河 LJT 控制单元位于鞍山地区，该控制单元处于太子河下游，主要承接上游流经本溪市、辽阳市带来的污染物和鞍山市区的万水河、南沙河、杨柳河、运粮河的工业和生活污水的排放。

收集太子河 LJT 控制单元各指标数据，确定隶属度及指标权重，对该控制单元进行水环境累积风险评价。

（1）隶属度确定

通过整理 2006～2019 年《辽宁省统计年鉴》《中国环境统计年鉴》《中国第三产业统计年鉴》等相关年鉴和检测数据确定太子河 LJT 控制单元的基本数据。

对照指标分级标准对基本数据进行分级，以 2018 年数据为例，计算得到各指标 2018 年隶属度向量值见表 3-23。

表 3-23　各指标 2018 年隶属度向量值

指标名称	指标数据	隶属度向量值				
		I	II	III	IV	V
人口自然增长率(D_1)/‰	−2.2	1	0	0	0	0
人均 GDP(D_2)/美元	6972.857	0	0	0	0.027	0.973
气温变化影响(D_3)/%	0.036	0.462	0.538	0	0	0
生活污水排放量(P_1)/万吨	13938.9	0.404	0.596	0	0	0
工业废水排放量(P_2)/万吨	2096.9	0.968	0.032	0	0	0
工业企业数(P_3)/家	458	0	0.807	0.193	0	0
农用化肥施用量(P_4)/万吨	10.6	0.233	0.767	0	0	0
有效灌溉面积(P_5)/10^3 hm²	74.5	0.51	0.49	0	0	0
水质现状(S_1)	4	0	0	0	1	0
水系水质状况评价结果(S_2)	67	0.7	0.3	0	0	0
水环境事故发生频次(S_3)	0.5	0.5	0.5	0	0	0
水资源富余率(I_1)/%	0.446	0	0	0.488	0.512	0
万元 GDP 耗水量(I_2)/(m³/万元)	54.194	0	0	0.720	0.280	0
城市污水处理率(R_1)/%	93.11	0.622	0.378	0	0	0
污水处理设备(R_2)/套	153	0	0	0.030	0.970	0

续表

指标名称	指标数据	隶属度向量值				
		I	II	III	IV	V
农村卫生厕所普及率(R_3)/%	79.2	0	0.920	0.080	0	0
水环境相关法律制定与执行(M_1)	1	1	0	0	0	0
环保投资占 GDP 比重(M_2)/%	0.125	0	0	0	0	1

（2）指标权重确定

应用层次分析法计算指标主观权重，根据太子河 LJT 控制单元的实际情况进行专家打分，确定指标主观权重如表 3-24 所示。

表 3-24　指标主观权重

指标	权重(W_j)	指标	权重(W_j)	指标	权重(W_j)
D_1	0.0684	P_4	0.0155	I_2	0.0475
D_2	0.0753	P_5	0.0155	R_1	0.0475
D_3	0.0207	S_1	0.0983	R_2	0.0181
P_1	0.0658	S_2	0.0983	R_3	0.0413
P_2	0.1131	S_3	0.0492	M_1	0.0237
P_3	0.1070	I_1	0.0475	M_2	0.0473

根据当地 2008～2018 年的各项指标数据，计算指标的信息熵值。根据信息熵的冗余度，计算指标客观权重如表 3-25 所示。

表 3-25　指标客观权重

指标	权重(S_j)	指标	权重(S_j)	指标	权重(S_j)
D_1	0.0356	P_4	0.0428	I_2	0.0771
D_2	0.0564	P_5	0.0715	R_1	0.0753
D_3	0.0574	S_1	0.0472	R_2	0.0568
P_1	0.0692	S_2	0.0412	R_3	0.0480
P_2	0.0319	S_3	0.0729	M_1	0.0693
P_3	0.0463	I_1	0.0485	M_2	0.0526

运用拉格朗日算子的方法确定两种权重间的最优组合关系，进而确定组合的权重值。计算得出 K_1、K_2，将 K_1、K_2 进行归一化处理，得到最优组合权重系数 $K'_1=0.5354$、$K'_2=0.4645$，计算得出指标组合权重如表 3-26 所示。

表 3-26 指标组合权重

指标	权重(ω_j)	指标	权重(ω_j)	指标	权重(ω_j)
D_1	0.0532	P_4	0.0282	I_2	0.0613
D_2	0.0665	P_5	0.0415	R_1	0.0604
D_3	0.0378	S_1	0.0746	R_2	0.0361
P_1	0.0674	S_2	0.0718	R_3	0.0444
P_2	0.0754	S_3	0.0602	M_1	0.0449
P_3	0.0788	I_1	0.0480	M_2	0.0498

（3）模糊综合评价

运用模糊综合法计算太子河 LJT 控制单元的水环境累积风险评价结果。根据平均加权原则确定各年份的风险得分以及各子系统的风险得分，2008～2018 年累积风险评分结果见表 3-27 所示。

表 3-27 2008～2018 年累积风险评分结果

子系统	2008 年	2009 年	2010 年	2011 年	2012 年	2013 年	2014 年	2015 年	2016 年	2017 年	2018 年
D	0.449	0.443	0.432	0.317	0.326	0.212	0.350	0.306	0.354	0.475	0.442
P	0.489	0.476	0.489	0.650	0.557	0.622	0.630	0.587	0.472	0.481	0.470
S	0.805	0.822	0.792	0.759	0.793	0.758	0.700	0.744	0.585	0.476	0.482
I	0.472	0.520	0.416	0.403	0.276	0.323	0.418	0.386	0.334	0.416	0.370
R	0.643	0.631	0.608	0.573	0.592	0.432	0.420	0.414	0.413	0.394	0.319
M	0.342	0.373	0.384	0.384	0.384	0.313	0.316	0.316	0.294	0.294	0.294
评分结果	3.201	3.266	3.120	3.086	2.928	2.659	2.832	2.753	2.451	2.534	2.376

由表 3-27 中评分结果可以看出，太子河 LJT 控制单元整体水环境累积风险变化呈下降趋势，分析各子系统对该控制单元的累积风险影响，可以看出驱动力子系统的影响为先下降后增长。

计算得到驱动力子系统各指标对累积风险影响评价结果见图 3-19。

分析驱动力子系统各指标对水环境累积风险的影响情况可以看出，人均 GDP 变化幅度较大且呈 "U" 形，符合环境库兹涅曲线假设，2008 年经济对水环境累积风险的影响较大，随着经济的发展，其对环境的影响逐步降低，2013 年影响达到最低，但随着钢铁产业的减少，经济对环境的影响变大，风险值有一定反弹，该指标成为对累积风险影响最大的指标。人口自然增长率逐步降低且趋于稳定，对水环境累积风险影响较小。可以客观地看出，2010 年、2012 年和 2014 年，该控制单元的气候变化较为明显。为降低驱动力子系统对该控制单元水环境累积风险造成的影响，应保证经济发展提升人均 GDP。

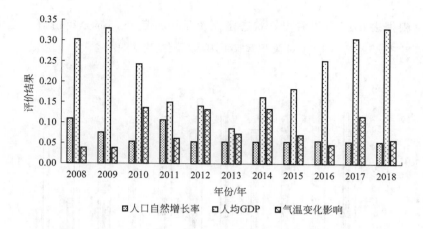

图 3-19　驱动力子系统各指标对累积风险影响评价结果

根据表 3-27 可以看出，压力子系统的风险较小且变化幅度较小。计算得到压力子系统各指标对累积风险影响评价结果见图 3-20。

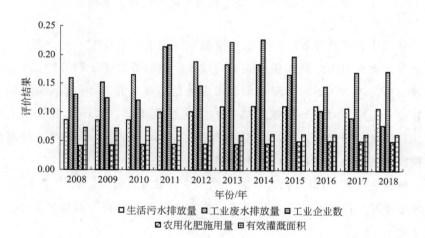

图 3-20　压力子系统各指标对累积风险影响评价结果

分析各指标对水环境累积风险的影响情况，可以看出，该地区的污染情况变化较小，生活污水排放量有小幅提升，这反映了该控制单元的人口在逐年增加，所以其对用水和排水造成的影响也较大。工业废水排放量呈先增长后下降的状态，2014年工业企业数量达到最高，之后工业企业数量出现了下降，但其仍是对水环境累积风险影响最大的指标。有效灌溉面积是影响最小的指标，这是由于该控制单元内主要以工业生产为主，耕地面积较小，农用化肥施用量基本保持不变，且施用量较小，所以对水环境累积风险造成的影响较小。为降低压力子系统对水环境累积风险的影响，主要应在保证经济发展的同时减少工业企业数量，并减少工业废水的排放。

根据表 3-27 可以看出，状态子系统呈下降趋势，部分年份有一定波动。计算得到状态子系统各指标对累积风险影响评价结果见图 3-21。

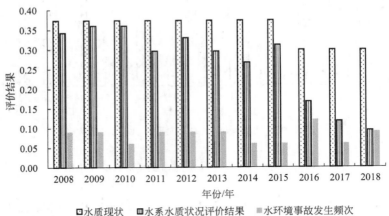

图 3-21　状态子系统各指标对累积风险影响评价结果

分析状态子系统各指标对水环境累积风险的影响情况。可以看出，太子河 LJT 控制单元水质对水环境累积风险影响较大，但随着治理工程的推进水质情况有一定改善。提升较为明显的为流域水系水质评价结果，自 2010 年后流域内水质达标断面数提升明显，对水环境累积风险的影响逐渐减小。水环境事故发生频次波动较大，总体呈上升趋势，2016 年达到最高。为降低状态子系统对该控制单元水环境累积风险的影响，应持续提高水质质量。

根据表 3-27 可以看出，影响子系统也存在较大波动，其中 2014 年该子系统对水环境累积风险值造成的影响最高，影响子系统各指标对累积风险影响评价结果见图 3-22。

分析影响子系统各指标对水环境累积风险的影响情况。根据图 3-23 可以看出，太子河 LJT 控制单元中万元 GDP 水耗量是对水环境累积风险影响最大的指标。2015 年前，由于统计数据不足，采用辽宁省平均数据仅反映总体变化趋势；2015 年后，该控制单元中万元 GDP 水耗量对水环境累积风险影响基本保持不变。水资源富余率在 2014 年对水环境累积风险影响最大，为降低水环境累积风险主要应降低万元 GDP 用水量。

根据表 3-27 可以看出，响应子系统整体影响呈降低趋势，响应子系统各指标对累积风险影响评价结果见图 3-23。

分析响应子系统各指标对水环境累积风险的影响情况。城市污水处理率是下降最大的指标，也是造成影响子系统下降的主要原因，该控制单元内主要为城镇，随

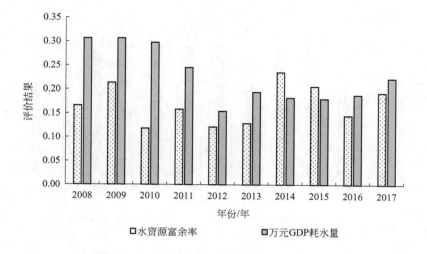

图 3-22　影响子系统各指标对累积风险影响评价结果

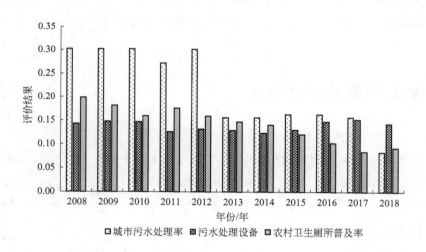

图 3-23　响应子系统各指标对累积风险影响评价结果

着政府对水环境问题的重视，城镇污水得以统一处理，降低了对水环境累积风险的影响。污水处理设备对水环境累积风险影响波动较小，但影响较大，城镇中需要增加污水处理设备数量，减少对该控制单元水环境累积风险的影响。农村卫生厕所普及率也在持续提高，使水环境累积风险降低。

根据表 3-27 可以看出，管理子系统呈下降趋势，管理子系统各指标对累积风险影响评价结果见图 3-24。

分析管理子系统各指标对水环境累积风险的影响情况。环保投资占 GDP 的比重是对水环境累积风险影响较大的指标，且长期没有改善。随着政府对水环境的监管力度逐年加强，水环境相关的法律制定与执行对水环境累积风险的影响较小且下

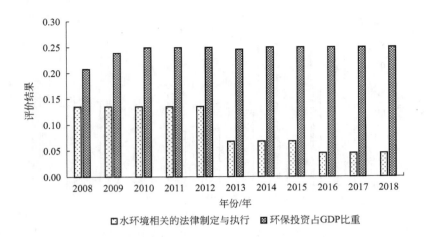

图 3-24 管理子系统各指标对累积风险影响评价结果

降幅度明显，这也是造成累积风险下降的主要原因。为降低累积风险，应持续保证水环境相关的法律制定与执行情况，且需要提高环保投资占 GDP 的比重。

3.4 典型控制单元对比分析

（1）总体趋势分析

将浑河 YJF 控制单元、绕阳河 PJ 控制单元和太子河 LJT 控制单元的水环境累积风险进行对比分析，典型控制单元累积风险趋势变化见图 3-25。由图 3-25 可以看出浑河 YJF 控制单元风险较高，其次是太子河 LJT 控制单元，最后是绕阳河 PJ 控制单元。

从整体趋势来看，浑河 YJF 控制单元的累积风险呈下降趋势，但下降过程有两个峰值分别是 2009 年和 2014 年。其中 2009 年累积风险评分最大，达到 4 以上，属于极高风险；从 2009 年至 2014 年累积风险一直处于下降状态，且下降幅度明显由极高风险逐步降为中风险，但下降幅度逐年减小，该段时间内的累积风险下降主要与城市污水处理的提高有关，但污水处理率的提升是有限制的，当处理水平达到一定条件时便较难增长，所以累积风险下降情况会变得平缓。2014 年由于辽宁省多地气温屡创新高，随着高温天气的出现也伴随着干旱的影响，辽宁省常年用水和水资源量不成比例的情况更加突显，最终影响了辽宁省当地的水资源量，使累积风险评价结果升高。2015～2018 年随着多年的治理，治理成果逐渐显现，水系水质有一定提升，使水环境累积风险逐渐降低。

绕阳河 PJ 市控制单元整体与浑河 YJF 控制单元趋势相同，均在 2009 年和

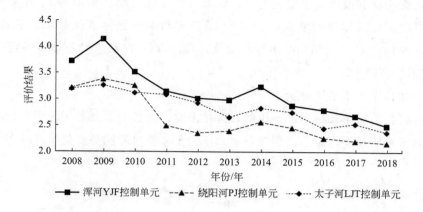

图 3-25　典型控制单元累积风险趋势变化

2014 年出现峰值，但绕阳河 PJ 市控制单元主要以农业污染为主，且人口与工业水平相较于浑河 YJF 控制单元均有一定差距，所以累积风险较低。

太子河 LJT 控制单元整体变化趋势也呈下降趋势，但并未出现明显峰值，仅在 2013 年和 2016 年出现明显下降，在控制单元内鞍山市区及部分工业企业污染较重，但随着经济重心整体的转移，工业污染逐年下降，所以 LJT 控制单元整体呈现较平稳下降趋势。

（2）驱动力子系统分析

将各控制单元驱动力子系统的计算结果除以各控制单元的驱动力子系统权重，得出驱动力子系统风险得分，典型控制单元驱动力子系统风险趋势变化见图 3-26。

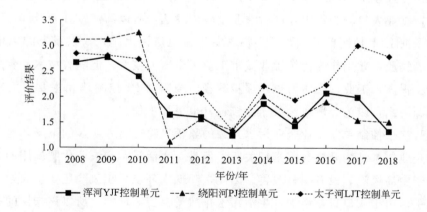

图 3-26　典型控制单元驱动力子系统风险趋势变化

根据图 3-26 可以发现，2008～2018 年驱动力子系统的变化比较没有规律，但变化趋势呈"U"形。这是由于驱动力子系统主要受人均 GDP 影响，且人均 GDP 变化趋势呈"U"形。部分年份变化不符合"U"形是由于人口自然增长率和气候变化影响指标没有确定变化趋势，较难判断变化情况。绕阳河 PJ 控制单元驱动力子系统下降总体较为明显；太子河 LJT 控制单元整体变化较低，且相较于 2008年，2018 年的评价结果基本没有变化；浑河 YJF 控制单元整体有一定下降，但总体幅度低于绕阳河 PJ 控制单元。

（3）压力子系统分析

将各控制单元压力子系统的计算结果除以各控制单元的压力子系统权重，得出压力子系统风险得分，典型控制单元压力子系统风险趋势变化见图 3-27。

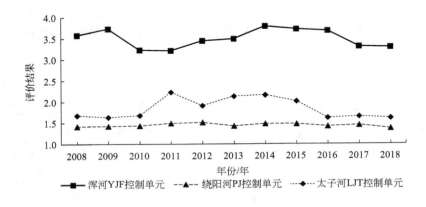

图 3-27　典型控制单元压力子系统风险趋势变化

通过分析图 3-27 中 2008～2018 年压力子系统的变化发现，浑河 YJF 控制单元累积风险评价得分最大，绕阳河 PJ 控制单元最小，且压力子系统风险较为平稳。浑河 YJF 控制单元主要汇水为沈阳市产生的污水，沈阳作为辽宁省的经济文化中心，工业人口较为集中，同时农业也较为发达，所以浑河 YJF 控制单元风险最大。太子河 LJT 控制单元主要污染物来源于鞍山市污水排入，以及上游来水所带来的污染物质，鞍山作为传统工业城市工业污染压力较大，但随着技术和管理体系的进一步提高，工业污染压力也在逐步减轻。绕阳河 PJ 控制单元主要污染来源于农业面源污水，较为分散，污染压力较轻，也更加平稳。

三个控制单元工业企业污水排放的累积风险也有着明显的下降，这与政府管控和企业技术结构升级有着密切关联。但是，生活污水和农业化肥施用的累积风险仍处于中高风险，没有明显改善。因此，降低水环境累积风险还要从农业和生活方面入手。由于人口日益增加，生活污水排放量会持续增加，所以该指标的累积风险每年都有一定提升，因此需要提倡节约用水降低风险。由于耕地面积没有改变，化肥施用量变化较小，所以建议减少每亩化肥施用量实现降低水环境累积风险的目的。

（4）状态子系统分析

将各控制单元状态子系统的计算结果除以各控制单元的状态子系统权重，得出压力子系统风险得分，典型控制单元状态子系统风险趋势变化见图 3-28。

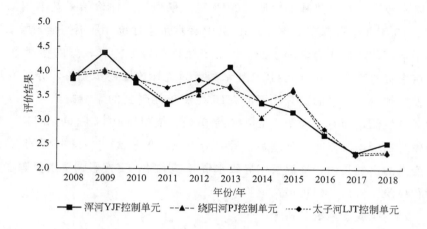

图 3-28　典型控制单元状态子系统风险趋势变化

　　通过分析图 3-28 中 2008～2018 年状态子系统的变化情况可以发现，3 个控制单元的状态子系统基本相似，只有部分年份有所不同。在 2013 年前基本处于高风险和极高风险之间，这是由于辽河流域水环境状态较差，据《2018 中国生态环境状况公报》显示，辽河干流 104 个检测断面中，Ⅴ类及以下水质占比仍超过 30%，水环境污染压力极大，所以整体水环境状况较差。但随着水环境治理力度的加强，水环境质量逐年提升，同时水环境事故发生频次逐渐下降，所以状态子系统累积风险逐年降低。

　　（5）影响子系统分析

　　将各控制单元影响子系统的计算结果除以各控制单元的状态子系统权重，得出影响子系统风险得分，典型控制单元影响子系统风险趋势变化见图 3-29。

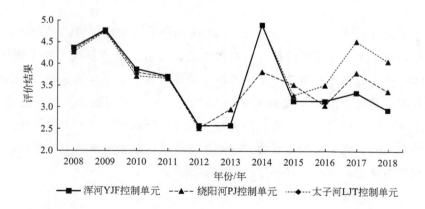

图 3-29　典型控制单元影响子系统风险趋势变化

　　通过分析图 3-29 中 2008～2018 年影响应子系统的变化可以发现，影响子系统风险也较高，且趋势基本相似。2012 年前累积风险评价结果基本相似，这是由于在 2015 年前水资源富余率和万元 GDP 耗水量指标统计量不完全，所以选择了辽宁省平均统计数据作为评价数据，仅对于整体趋势分析有较好的参考意义。自 2012 年后水资源富余率和万元 GDP 耗水量指标统计数据逐步完善，分析发现由于技术的发展和生产水平的提升使浑河 YJF 控制单元受到的影响减小，所以该控制单元的风险较低，而对于太子河 LJT 控制单元和绕阳河 PJ 控制单元而言，先进技术应用较为迟缓，所以有一定差距，最终造成风险值较高。2014 年浑河 YJF 控制单元突变点的出现是由于高温天气导致水资源量下降，直接影响了水资源富余率，所以累积风险评价得分出现最高值。

（6）响应子系统分析

将各控制单元响应子系统的计算结果除以各控制单元的响应子系统权重，得出响应子系统风险得分，典型控制单元影响子系统风险趋势变化见图 3-30。

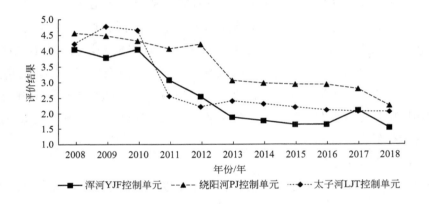

图 3-30　典型控制单元影响子系统风险趋势变化

通过分析图 3-30 中 2008～2018 年响应子系统的变化可以发现，3 个控制单元整体响应子系统呈下降趋势，且趋势相近。分析响应子系统的各个指标可以发现，整体的污水处理率和卫生厕所普及率都有较大提升，其中绕阳河 PJ 控制单元地区提升幅度最大，由 50％提升到 95％以上。浑河 YJF 控制单元内既包括农业耕地又有工业园区，所以这 2 个指标均有较大提升，导致风险评价得分较低。2013 年后 3 个控制单元下降趋势明显减缓，这由于整体的污水处理率和卫生厕所的普及率逐渐达到理想状态，所以下降幅度逐渐减小。

（7）管理子系统分析

将各控制单元管理子系统的计算结果除以各控制单元的管理子系统权重，得出管理子系统风险得分，典型控制单元影响子系统风险趋势变化见图 3-31。

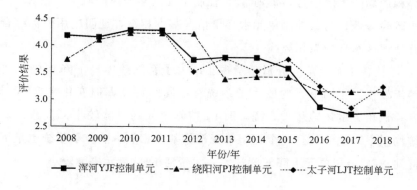

图 3-31　典型控制单元影响子系统风险趋势变化

通过分析图 3-31 中 2008～2018 年管理子系统的变化趋势可以发现，整体的管理子系统所处的风险状态呈下降趋势，且变化趋势相近，但下降幅度不大，仍处于中风险和高风险之间。分析指标可以发现，3 个控制单元主要受到环保投资占 GDP 的比例所影响，由于环保投资较低，最终造成风险值较高，但是，随着水环境相关的法律执行力度的提高，整体的风险得分还是有所下降。分析各项指标所占权重可以发现，环保投资占 GDP 的比例影响较大，水环境相关的法律制定与执行指标所占比重较小，这是因为经专家反馈发现，由于监管风险子系统中主观指标数量较多，涉及国家政策与规定较难给出较准确的估值，所以指标权重较小。

3.5　小结

① 研究得到水环境累积风险的评价方法。选择模糊综合法作为评价方法，并对模糊综合法进行优化，分析了隶属度函数的确定、权重的确定和模糊评价，并选择浑河 YJF 控制单元、蒲河 PHY 控制单元、绕阳河 PJ 控制单元、太子河 LJT 控制单元作为典型控制单元对基于模糊综合法的水环境累积风险评价方法进行验证。

② 整体评价过程中，首先选择三角隶属度函数作为隶属度确定公式，对比指标分级结果确定指标隶属度。其次对比主观、客观赋权法的优缺点，将基于主客观相结合的组合赋权法作为权重确定方法，并且基于拉格朗日乘子法对主客观权重进行结合，确定最优的组合权重。最终将两者结合进行模糊变换，基于平均加权原则确定最终的模糊评价结果，确定风险等级。

③ 通过模糊综合法对辽河流域浑河 YJF 控制单元、绕阳河 PJ 控制单元和太子河 LJT 控制单元的水环境累积风险进行风险评价，整体风险变化趋势由中高风险下降到低风险程度。对 3 个控制单元的累积风险评价结果进行分析，可以看出整体

趋势相近均呈下降趋势，浑河 YJF 控制单元的累积风险较大，绕阳河 PJ 控制单元累积风险最低，与各控制单元水环境情况基本相符，证明应用模糊综合评价法可以较好地评估水环境累积风险。

④ 从各子系统角度分析，发现驱动力子系统整体呈下降趋势，且近些年的风险等级较低。不同单元的压力子系统有不同的特点，但变化幅度不大，其中浑河 YJF 控制单元的风险较大，绕阳河 PJ 控制单元的风险较小。状态、影响和管理子系统均呈下降趋势，且 3 个控制单元趋势基本相似。响应子系统也呈下降趋势，其中浑河 YJF 控制单元下降幅度较大，太子河 LJT 单元幅度较小。

第4章
辽河流域水环境累积风险趋势预测方法与应用

4.1 预测模型构建

常用的风险预测模型主要分为线性模型、非线性模型以及组合模型三类，本研究从三类模型中各选一种代表性模型进行构建，以期对水环境累积风险结果进行较好预测。

4.1.1 时序性模型构建

相较于线性回归模型，累积风险预测更加符合时间序列预测模型的条件，累积风险是由过去延续到未来的，通过对过去的变化趋势进行分析，可以预测未来的发展趋势。经过对比分析，本研究选择构建 ARMA 或 ARIMA 模型对水环境累积风险进行预测。

（1）模型概述

时序性模型是指分析同一事物随着时间变化所组成的数列，由于数值会随时间变化，从而存在一定的时间联系。时间序列预测方法就是根据这个内在的联系推断未来的趋势，是一种常用的线性预测模型。常用的时序性模型有 AR（p），即 p 阶自回归模型；MA（q），即 q 阶移动平均模型；ARMA，即自回归滑动平均模型；ARIMA，即差分整合移动平均自回归模型。ARMA 模型由两部分组成，分别是 p 阶自回归模型和 q 阶移动平均模型。ARIMA 模型由三部分组成，分别是 p 阶自回归模型、d 阶差分和 q 阶移动平均模型。简而言之，就是将预测值 C_t 进行 d 阶差分后再应用 ARMA 模型。

时序性模型是反映一系列随时间变化的序列集合在时间上的内在联系，该集合中的数值一边受自身因素影响，一边又存在时间的规律，关于受自身因素影响的关系见式（4-1）。

$$C_t = \beta_1 X_1 + \beta_2 X_2 + \cdots + \beta_p X_p + Z_t \tag{4-1}$$

式中　C_t——第 t 年预测值；

　　　X_p——影响因素；

　　　Z_t——误差；

　　　β_p——待定系数；

　　　p——ARMA 模型的阶数。

C_t 又存在自身的时间序列，关于时间规律的关系见式（4-2）。

$$C_t = \beta_1 C_{t-1} + \beta_2 C_{t-2} + \cdots + \beta_p C_{t-p} + Z_t \tag{4-2}$$

式中　C_{t-1}，C_{t-2}，$\cdots$，C_{t-p}——$t-1$，$t-2$，$\cdots$，$t-p$ 年数值。

误差 Z_t 也有一定的内在联系依存关系由式（4-3）表示。

$$Z_t = \varepsilon_t + \alpha_1 \varepsilon_{t-1} + \alpha_2 \varepsilon_{t-2} + \cdots + \alpha_q \varepsilon_{t-q} \tag{4-3}$$

式中　　　α_q——待定系数；

ε_t，ε_{t-1}，$\cdots$，ε_{t-q}——白噪声干扰项引起的误差。

将上述算式相结合，ARMA 模型表达式为式（4-4）。

$$C_t = \beta_1 C_{t-1} + \beta_2 C_{t-2} + \cdots + \beta_p C_{t-p} + \varepsilon_t + \alpha_1 \varepsilon_{t-1} + \alpha_2 \varepsilon_{t-2} + \cdots + \alpha_q \varepsilon_{t-q} \tag{4-4}$$

式中　p——自回归项数；

　　　q——移动平均项数。

当 $q=0$ 时，ARMA（p，q）模型退化为自回归模型 AR（p），见式（4-2）；当 $p=0$ 时，即变为移动平均模型 MA（q），见式 4-3。

（2）模型构建与预测流程

时序模型水环境累积风险预测流程如图 4-1 所示。

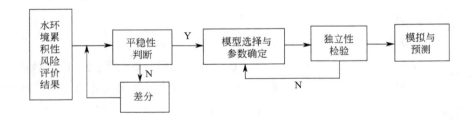

图 4-1　时序模型水环境累积风险预测流程

1）数据平稳性判断

准备模糊综合评价的累积风险结果 C 作为时间序列数据，将数据可视化，研究数据的平稳性，若平稳则无需进行差分，若不平稳则进行 d 次的差分处理，直到平稳为止，但差分次数过多会导致误差的增大。

2）模型的确定

在数据平稳后，分别计算自相关系数（ACF）和偏相关系数（PACF），通过判断 ACF 和 PACF 的图像选择具体的模型。时序模型选择依据如表 4-1 所示。

表 4-1　时序模型选择依据

相关系数	p 阶自回归模型 AR(p)	q 阶移动平均模型 MA(q)	自回归滑动平均模型/差分整合移动平均自回归模型 ARMA/ARIMA
自相关系数 ACF	拖尾①	截尾	拖尾
偏相关系数 PACF	截尾②	拖尾	拖尾

①拖尾是 ACF 或 PACF 并不在某阶后均为 0 的性质。

②截尾是时间序列的 ACF 或 PACF 在某阶后均为 0 的性质。

当 ACF 为拖尾，PACF 为截尾时选择 AR（p）模型；当 ACF 为截尾，PACF 为拖尾时选择 MA（q）模型；当 ACF 及 PACF 均为拖尾时选择 ARMA/ARIMA 模型，当 ACF 及 PACF 均为截尾时不符合时序性模型需另找模型。

3）模型参数的确定

本模型应有 3 个参数，其中 d 为差分次数，在步骤 1）中确定，p 和 q 分别为自回归项和移动平均项数，二者根据 ACF 和 PACF 图像可进行初步判断，最终确定备选参数集。

4）模型的模拟与检验

检测模型是否有效，主要验证独立性，即误差检验。检验不通过则重选模型，如果检验通过，可以对比多个备选的参数集选出最佳的模型。

5）模型的预测

选择最合适的参数，建立 ARMA/ARIMA 时序性模型，对水环境累积风险结果进行预测。

（3）模型参数确定

1）数据平稳性判断

选择 2008~2018 年浑河 YJF 控制单元、绕阳河 PJ 控制单元和太子河 LJT 控制单元每年的累积风险评价结果，分析水环境累积风险数据。分析认为，数据较平稳，没有周期性，属于宽平稳范畴，因此不需要进行差分和周期性分析。

2）模型的确定

利用 SPSS 软件建立时序性模型，分别计算 ACF 和 PACF，典型控制单元自相关与偏相关如图 4-2 所示。

由图 4-2 可以看出，ACF 和 PACF 均为拖尾，且无需差分，因此选择 ARMA 模型作为训练模型。

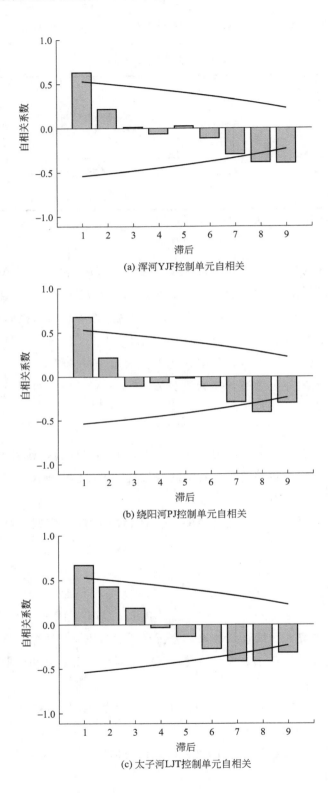

(a) 浑河YJF控制单元自相关

(b) 绕阳河PJ控制单元自相关

(c) 太子河LJT控制单元自相关

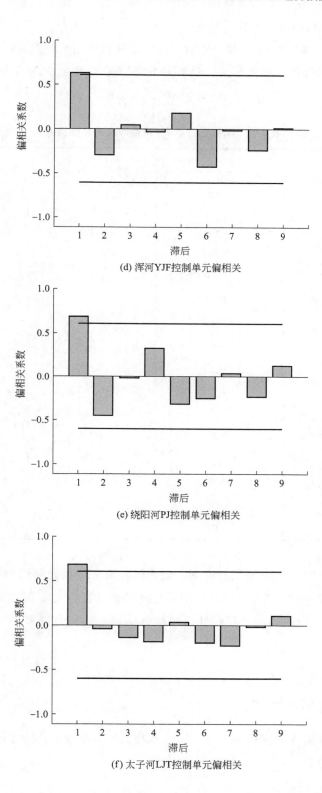

(d) 浑河YJF控制单元偏相关

(e) 绕阳河PJ控制单元偏相关

(f) 太子河LJT控制单元偏相关

图 4-2　典型控制单元自相关与偏相关

3）模型参数的确定

ARMA 模型中的 p 和 q 分别为自回归项和移动平均项数，二者根据上述 ACF 和 PACF 图像进行初步判断，最终确定备选参数集范围为 0～4。进行多次试验，ARMA（p，q）模型对应的拟合程度见表 4-2。

表 4-2　ARMA（p，q）模型对应的拟合程度

模型(p,q)	BIC	MAPE	R^2
(1,1)	−1.950	4.175	0.824
(1,2)	−1.704	3.694	0.845
(1,3)	−1.355	3.392	0.852
(1,4)	−0.931	3.714	0.818
(2,1)	−1.718	3.969	0.847
(2,2)	−1.386	3.733	0.857
(2,3)	−0.942	3.729	0.856
(2,4)	−0.531	3.098	0.869
(3,1)	−1.348	3.886	0.851
(3,2)	−0.942	3.703	0.857
(3,3)	−0.450	3.605	0.858
(3,4)	−0.092	3.172	0.869
(4,1)	−0.927	3.889	0.854
(4,2)	−0.462	3.593	0.860
(4,3)	0.168	3.537	0.859
(4,4)	1.018	3.347	0.868

表中 BIC 为贝叶斯信息准则，是为解决模型过拟合问题的一种惩罚信息准则，应选用值较小的模型。MAPE 为平均绝对百分比误差，误差越小模型性能越好。R^2 为方差，反映模型的回归性，越接近 1 越好，因此选择 p 为 2，q 为 4 构建时序性模型。

4.1.2　BP 神经网络模型构建

本研究输入数据较为平稳，所以选择人工网络模型作为非线性预测模型的代表模型进行分析。

（1）模型概述

人工神经网络是一种非线性的动态学习模型，具有较好的学习、适应能力，可

以较为准确地映射出非线性的关系。对于不同的问题，可以建立多种样式的神经网络结构，但基础的结构主要分为 3 个，分别是：输入层、隐藏层和输出层，人工神经网络结构如图 4-3 所示。

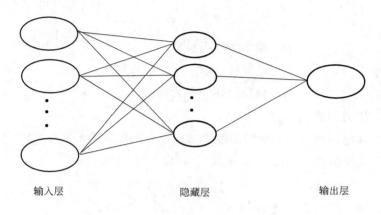

输入层　　　　　　隐藏层　　　　　　输出层

图 4-3 人工神经网络结构

人工神经网络模型的选择需要根据实际需要和模型特点进行综合考虑，BP 神经网络作为一种前反馈反向传播模型，具有结构简单、计算方便等优点，可用于预测输出和期望误差函数的优化，较为适用于水环境累积风险的预测。

BP 神经网络工作的流程主要分两个阶段，即数据从输入层流向输出层的正向传播阶段和误差从输出层再反向传回输入层的反向传播阶段。在正传播阶段，样本数据从输入层传输到隐藏层，经过计算和分析得出结果传输到输出层，输出结果与预期输出数据进行比较，得出实际输出与期望输出的差值，若差值过大则不能将结果作为最终结果输出。这时需要进入反向传播阶段，误差会被传递回中间层的神经元中，并会算做最近层误差贡献的加权和，对权重进行调整，直到输出一个可以接受的预期值为止。这两个阶段反复进行数据传输、处理、计算、分析和调整权重，直到得出一个预期的数据的过程。BP 神经网络模型的结构由以下 4 个模型构成。

1）节点传播模型

① 隐节点输入模型，见式（4-5）。

$$Z_{j\_input} = \sum_{i=1}^{m} \omega_{ij} x_{ij} + b_j \qquad (4-5)$$

式中　Z_{j_input}——隐节点输入模型；
　　　　ω_{ij}——输入层与中间层的连接权重；
　　　　x_{ij}——输入值；
　　　　b_j——隐藏层各神经元阈值。

② 隐节点输出模型，见式（4-6）。

$$Z_{j\_input} = \theta Z_{j\_input} \qquad (4-6)$$

式中　Z_{j_input}——隐节点输出模型；

　　　　θ——激活函数。

③ 输出层输出模型，见式（4-7）。

$$y_{k\_output}=\theta\Big(\sum_{j=1}^{n}\omega_{jk}\theta Z_{j\_input}+b_k\Big) \tag{4-7}$$

式中　y_{k_output}——输出层输出模型；

　　　　ω_{jk}——隐藏层与输入层的连续权重；

　　　　b_k——输出层各神经元阈值。

2）激活函数

BP 神经网络常用的激活函数有两种，分别是线性函数和"S"型函数。

① 线性函数（purelin），见式（4-8）。

$$\theta(x)=kx+c \tag{4-8}$$

② "S"型函数（sig），见式（4-9）、式（4-10）。

单极性 S 函数（logsig）

$$\theta(x)=\frac{1}{1+e^{-x}} \tag{4-9}$$

双极性 S 函数（tansig）

$$\theta(x)=\frac{1}{1+\arctan x} \tag{4-10}$$

3）误差计算模型

在 BP 神经网络中，利用最小均方差函数表示计算误差，见式（4-11）。

$$e=\frac{1}{2}\sum(d_{pi}-Z_{pj})^2 \tag{4-11}$$

式中　d_{pi}——真值；

　　　　Z_{pi}——计算输出值。

4）学习模型

学习的过程就是权重 ω_j 调整的过程，权重调节的过程是动态的，但也存在一定规律，见式（4-12）。

$$\Delta\omega_{ij}(n+1)=e_i\eta Z_j a\Delta\omega_{ij}(n) \tag{4-12}$$

式中　e_i——输出误差；

　　　　η——学习因子；

　　　　a——动量因子；

　　　　Z_j——计算输出。

（2）模型构建与预测流程

人工神经网络的最大优势是有学习能力，可以自我调整。网络自学习的基础就是经过大量的数据训练，进行权重的自我调节，最终表现出复杂的水环境风险状态，用以实现水环境累积风险的预测。BP 神经网络的水环境累积风险预测算法可分为以下步骤。

1）数据准备与预处理

对输入层数据和输出层数据进行预处理，将当年经过模糊综合评价的结果作为输出层，前 3 年的结果作为输入层，应用归一化函数将数据归一化处理，输出时要反归一化。

2）数据分类

将数据集分为两类，分别是训练数据集和测试数据集。训练数据集的样本要大于测试数据集，将数据集的 70% 作为训练数据，30% 作为测试数据。

3）网络设计

人工神经网络要选择较多的参数和函数，首先是确定激活函数和训练算法以及隐藏层神经元个数，之后确定一些训练参数。本模型训练算法选择寻找使得函数值最小的参数向量最优化的 Levenberg-Marquardt（LM）算法，激活函数选择"S"型，其余指标需要多次测试调节。

4）误差修正

网络经过训练得出输出结果，再与真实值进行对比，如果误差较大，则会将误差反向传播，对权重进行修正，直到输出误差满足要求为止。

5）网络测试

将测试数据带入网络，分析测试数据是否能满足误差要求，若不通过则需要回到步骤 3）重新对网络进行设定。

（3）模型参数确定

针对 2008～2018 年的水环境累积风险建立 BP 神经网络模型，主要基于 MA-TALB（2012）选择 BP 神经网络进行模拟训练。

首先建立网络的基本结构，由于没有明确的理论表明准确的隐藏层与输出层的关系，所以需要多次尝试，最终得到最合适的隐藏层节点数，使用 BP 神经网络可以构建一个接近任意函数的数学预测模型。BP 神经网络的输出层有 1 个节点，输入层有 3 个节点，隐藏层数由试错法确定，根据拟合结果确定最佳节点数。

将模糊综合评价的结果加载到 MATLAB 工作空间，基于 premnmx 函数去除量纲，由于输入数据在 $[-\infty, +\infty]$ 范围内，因此采用 tansig 函数 ［式（4-10）］ 将 $[-\infty, +\infty]$ 范围内的输入转换为 $[-1, 1]$ 范围内的实数。输出数据和输入数据之间存在线性关系，因此选择 purelin 函数 ［式（4-8）］ 作为输出层函数。输入层的神经元数目与输入参数的数目相同。选择试错法寻找最佳隐藏层数。隐藏层的数量必须小于 $(n-1)$，其中 n 是训练样本的数量。当神经元数目满足此条件时，每个神经元至少控制一个样本，这将提高网络泛化能力。

由于训练样本的数量为 8 个，所以将隐藏层节点依次选为 2、3、4、5、6、7、控制单元隐藏层数与相关系数关系如图 4-4 所示。

训练集、验证集和测试集的输出值与目标值之间的线性相关系数越接近 1 越好，为防止隐藏层层数过高使网络整体陷入过拟合状态，隐藏层节点数选择 3 为最佳。

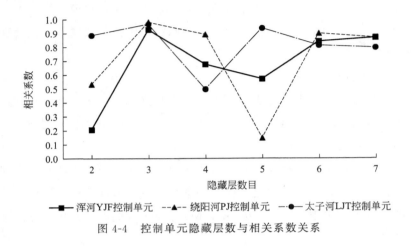

图 4-4　控制单元隐藏层数与相关系数关系

4.1.3　ARMA-BP 组合模型构建

（1）模型概述

时序性模型是一种线性预测的模型，对时间序列的线性分析效果较好，当部分信息模糊时预测效果较差，对于非线性情况整体预测效果较差，因此对输入数据和输出数据的要求较高。

BP 神经网络是一种较为复杂的非线性预测方法，有着较好的非线性预测能力，可以处理大量的数据，且可以完成自我修正，没有固定的数学表达模式，在实际使用 BP 神经网络预测模型时会出现局部收敛，隐藏层确定较为复杂和当训练数据不足时，可能有较大的误差。

（2）模型构建与预测流程

现将线性和非线性预测方法相结合，形成 ARMA-BP 组合模型，可以在充分发挥时序性模型特点的基础上，应用人工神经网络的方法对非线性点位进行修正，实现对辽河辽宁段水环境累积风险的演变评价。组合模型水环境累积风险预测流程如图 4-5 所示。

1）ARMA 模型预测

将模糊综合法得出的评价结果带入 ARMA 模型，得出可行的 ARMA 模型预测结果，并计算出 ARMA 模型与真值的误差。

2）BP 神经网络模型预测误差

将 ARMA 模型与真值的误差带入 BP 神经网络，以前 3 年的误差作为输入，将当年的误差作为输出，得出由人工神经网络计算出的误差预测结果。

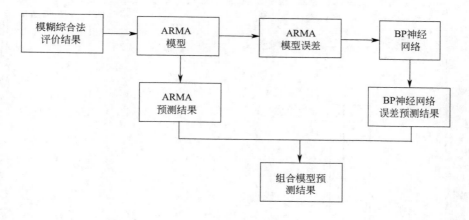

图 4-5　组合模型水环境累积风险预测流程

3）模型组合预测

将 ARMA 模型的计算结果与人工神经网络计算出的误差预测结果相加合,计算出组合的预测结果。

（3）模型参数确定

选择 ARMA（2,4）模型进行累积风险预测；以 2008～2010 年,2009～2011 年,…,2015～2017 年的误差作为输入,以 2011～2018 年的误差作为输出,选择最后 3 层网络,以 LM 算法作为学习方法,共设置 3 个隐藏节点,最终构架了一个 3-3-1 的 BP 神经网络模型,对误差进行预测研究。

4.2　模型预测与比较

4.2.1　时序性模型预测

应用 SPSS 23 软件建立 ARMA（2,4）数学分析模型,输入 2008～2018 年浑河 YJF 控制单元、绕阳河 PJ 控制单元、太子河 LJT 控制单元累积风险计算评价结果及对应年份,实现对 2019～2021 年的典型控制单元仿真预测。SPSS 软件预测模拟见图 4-6。

ARMA 模型预测结果见表 4-3。可以看出,三个控制单元预测结果与计算值的相关系数较高,且预测结果整体较好误差较小、离散程度较好,表明应用该模型可以有效预测出水环境累积风险的变化趋势。在 2009 年三个控制单元的误差均达到最大值,经分析,该处为突变点位,较其余点位线性关系较弱,因此预测效果较

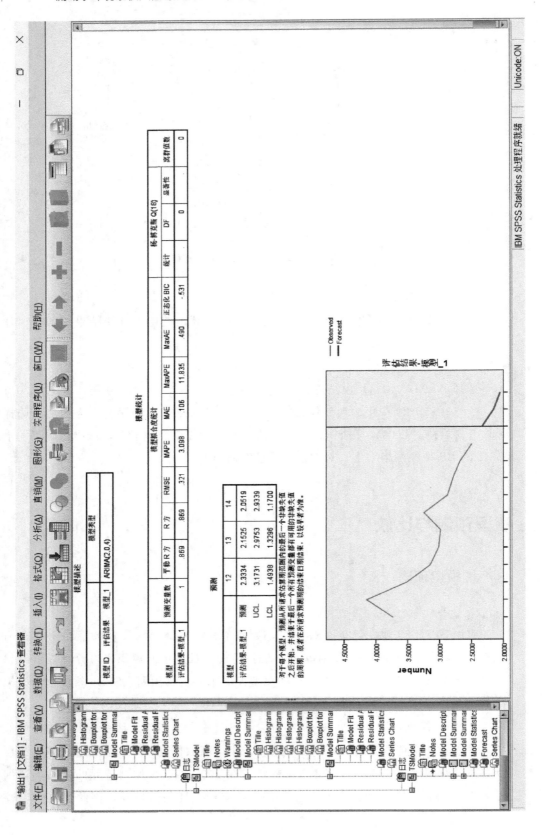

图 4-6　SPSS 软件预测模拟

差。对 2019～2021 年风险评价结果预测进行分析，可以看出三个控制单元均呈下降趋势，太子河 LJT 控制单元风险较低。绕阳河 PJ 控制单元模型整体预测结果最好，其平均相对误差（MRE）、均值平方根（$RMSE$）和相关系数（R）均好于其他控制单元。

表 4-3　ARMA 模型预测结果

项目	浑河 YJF 控制单元			太子河 LJT 控制单元			绕阳河 PJ 控制单元		
年份/年	累积风险值	ARMA		累积风险值	ARMA		累积风险值	ARMA	
		预测结果	绝对误差		预测结果	绝对误差		预测结果	绝对误差
2008	3.726	3.790	−0.064	3.217	3.155	0.062	3.201	3.283	−0.082
2009	4.144	3.654	0.490	3.382	3.060	0.322	3.266	3.217	0.049
2010	3.519	3.591	−0.072	3.260	3.078	0.182	3.120	3.128	−0.008
2011	3.149	3.300	−0.151	2.495	2.715	−0.220	3.086	2.968	0.118
2012	3.015	3.160	−0.145	2.357	2.288	0.069	2.928	2.857	0.071
2013	2.985	3.076	−0.091	2.397	2.511	−0.114	2.659	2.702	−0.043
2014	3.244	3.243	0.001	2.566	2.722	−0.156	2.832	2.810	0.022
2015	2.879	2.902	−0.023	2.458	2.501	−0.043	2.753	2.735	0.018
2016	2.792	2.759	0.033	2.263	2.220	0.043	2.451	2.479	−0.028
2017	2.681	2.637	0.044	2.206	2.149	0.057	2.534	2.503	0.031
2018	2.494	2.441	0.053	2.168	2.073	0.095	2.376	2.412	−0.036
2019		2.333			1.873			2.282	
2020		2.152			1.605			2.271	
2021		2.052			1.496			2.086	
MRE	0.0309			MRE	0.0457		MRE	0.0159	
$RMSE$	0.0439			$RMSE$	0.0526		$RMSE$	0.0186	
R	0.9789			R	0.9702		R	0.9888	

4.2.2　BP 神经网络模型预测

以 2008～2010 年，2009～2011 年，…，2015～2017 年的累积风险计算值作为输入，以 2011～2018 年的累积风险计算值作为输出，应用上述结构网络，以 LM 作为学习方法，共设置 3 个隐藏节点，最终构架了一个 3-3-1 的 BP 神经网络模型。训练数据与验证数据随机分配，训练数据占 70%，验证数据占 20%，测试数据占 10%。以沈阳为例，具体代码如下。

```
%清理工作空间
clear all;
%数据输入
P=[3.726    4.144    3.519    3.149    3.015    2.985    3.244    2.879
   4.144    3.519    3.149    3.015    2.985    3.244    2.879    2.792
   3.519    3.149    3.015    2.985    3.244    2.879    2.792    2.681];
T=[3.149   3.015   2.985   3.244   2.879   2.792   2.681   2.494];
%归一化处理
[p1,minp,maxp,t1,mint,maxt]=premnmx(P,T);
%建立前反馈人工神经网络
net=feedforwardnet(3,'trainlm');
net.layers{1}.transferFCn='tansig'
net.layers{2}.transferFCn='purelin';
%参数设定
net.trainParam.epochs=1000;
net.trainparam.show=50 ;
net.trainparam.goal=0.001 ;
net.trainParam.lr=0.01 ;
%数据划分
net.divideParam.trainRatio=7/10;
net.divideParam.valRatio=2/10;
net.divideParam.testRatio=1/10;
%训练网络
net=train(net,p1,t1);
%网络预测
a=[2.792
2.681
2.494];
a=premnmx(a);
b=sim(net,a);
c=postmnmx(b,mint,maxt);
c
```

经模型多次计算，去均值得出具体预测结果，BP 神经网络模型预测结果如表 4-4 所示。

表 4-4　BP 神经网络模型预测结果

项目	浑河 YJF 控制单元			太子河 LJT 控制单元			绕阳河 PJ 控制单元		
	累积风险值	BP		累积风险值	BP		累积风险值	BP	
年份/年		预测结果	绝对误差		预测结果	绝对误差		预测结果	绝对误差
2008	3.726			3.217			3.201		
2009	4.144			3.382			3.266		
2010	3.519			3.260			3.120		
2011	3.149	3.172	0.023	2.495	2.494	−0.001	3.086	3.103	0.017
2012	3.015	3.079	0.064	2.357	2.366	0.009	2.928	2.926	−0.002
2013	2.985	3.012	0.027	2.397	2.394	−0.003	2.659	2.718	0.059
2014	3.244	3.317	0.073	2.566	2.727	0.161	2.832	2.753	−0.079
2015	2.879	2.923	0.044	2.458	2.747	0.289	2.753	2.713	−0.040
2016	2.792	2.881	0.089	2.263	2.458	0.195	2.451	2.700	0.249
2017	2.681	3.071	0.390	2.206	2.337	0.131	2.534	2.698	0.164
2018	2.494	2.710	0.216	2.168	2.292	0.124	2.376	2.594	0.218
2019		2.411			2.275			2.339	
2020		2.271			2.031			2.186	
2021		2.103			2.010			2.153	
MRE		0.0424		MRE	0.0486		MRE	0.0411	
RMSE		0.0586		RMSE	0.0596		RMSE	0.0521	
R		0.8657		R	0.7932		R	0.8968	

根据计算结果可以看出，BP 神经网络对于太子河 LJT 控制单元预测效果较差，其平均相对误差和均值平方根与其余两控制单元相差较小，但相关系数较低。分析拟合曲线可以发现，太子河 LJT 控制单元随着年份的增加误差也逐渐变大，因此预测结果较差。分析认为，由于在训练前期出现数据过拟合现象，虽然 BP 模型在理论上可以逼近所有非线性的函数，但是整体的预测过程中，不是所有预测结果都是最好的，对于陷入局部最优解情况，需要调整网络参数重新进行预测。

4.2.3　ARMA-BP 组合模型预测

在流域水环境累积风险预测中，应用时间序列 ARMA 模型计算过程较为简单，且有较好的效果，但是时序性预测实质上是线性的预测方法，对于峰值点这种有较强的非线性特点的数值效果较差。BP 神经网络模型具有强大的非线性拟合能力，但是其对影响因素众多的情况容易陷入局部最优解，对于水环境累积风险这种受多方面因素影响的评价过程，预测效果较难达到预期。将时序性 ARMA 模型的线性预测和 BP 网络模型的非线性预测相结合，最终得出 ARMA-BP 模型预测结果见表 4-5。

表 4-5　ARMA-BP 模型预测结果

项目	浑河 YJF 控制单元			太子河 LJT 控制单元			绕阳河 PJ 控制单元		
	累积风险值	ARMA-BP		累积风险值	ARMA-BP		累积风险值	ARMA-BP	
年份/年		预测结果	绝对误差		预测结果	绝对误差		预测结果	绝对误差
2008	3.726			3.217			3.201		
2009	4.144			3.382			3.266		
2010	3.519			3.260			3.120		
2011	3.149	3.1424	−0.0066	2.495	2.494	−0.001	3.086	3.0812	−0.0048
2012	3.015	3.0150	0.0000	2.357	2.366	0.009	2.928	2.9272	−0.0008
2013	2.985	2.9843	−0.0007	2.397	2.394	−0.003	2.659	2.6621	0.0031
2014	3.244	3.2432	−0.0008	2.566	2.727	0.161	2.832	2.8333	0.0013
2015	2.879	2.8836	0.0046	2.458	2.747	0.289	2.753	2.7514	−0.0016
2016	2.792	2.7902	−0.0018	2.263	2.458	0.195	2.451	2.4537	0.0027
2017	2.681	2.6846	0.0036	2.206	2.337	0.131	2.534	2.5333	−0.0007
2018	2.494	2.4951	0.0011	2.168	2.292	0.124	2.376	2.3775	0.0015
2019		2.3979		2.275				2.3414	
2020		2.2330		2.031				2.2913	
2021		2.1433		2.010				2.0792	
MRE		0.00083		MRE	0.000617		MRE	0.000755	
RMSE		0.00037		RMSE	0.00032		RMSE	0.000318	
R		0.9999		R	0.9999		R	0.9999	

组合模型使用时 $RMSE$ 为 0.9572，相关系数为 0.9910，可以看出应用组合模型后预测效果更佳。分析预测结果发现，2019~2021 年间整体风险处于低风险与中风险之间，平均 64.2%，隶属于低风险。

4.2.4　预测结果分析

浑河 YJF 控制单元预测结果、绕阳河 PJ 控制单元预测结果、太子河 LJT 控制单元预测结果如图 4-7~图 4-9 所示。

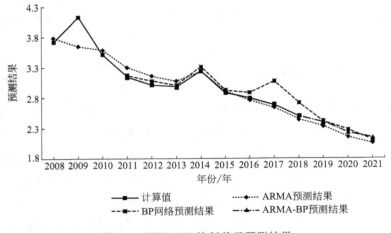

图 4-7　浑河 YJF 控制单元预测结果

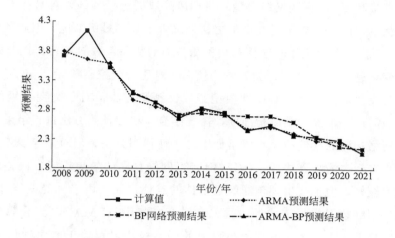

图 4-8   绕阳河 PJ 控制单元预测结果

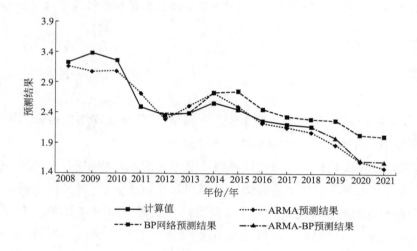

图 4-9   太子河 LJT 控制单元预测结果

根据 3 个单元的预测结果可以看出，3 种预测模型对于 2019～2021 年预测值的变化趋势较为接近，均呈下降趋势。应用 ARMA 模型、BP 神经网络模型和 ARMA-BP 组合模型分别进行预测，与计算值拟合效果较好的为 ARMA-BP 组合模型，BP 神经网络模型预测效果最差。分析表 4-3～表 4-5 中预测评价指标 *MRE*、*RMSE* 和 *R* 均是 ARMA-BP 组合模型最佳，其次是 ARMA 模型，最差是 BP 神经网络模型。

应用 BP 神经网络模型对太子河 LJT 控制单元进行预测，其拟合程度较差，不足 80%，但仍处于可接受范围。尽管应用 BP 神经网络模型在理论上可以逼近所有非线性函数，但是输入数据与设定条件不同，预测结果也不相同。由于水环境累积风险是一个非常复杂的系统，受到较多因素的共同影响，这种情况下不分析各项指标，直接利用 BP 神经网络模型对累积风险数据进行训练，容易在部分解中陷入局部最优解，LJT 控制单元在模拟之初便陷入了局部最优情况，因此预测效果较差。

3 个控制单元应用时序性算法预测整体的相关系数较高，可以有效地预测出整体的变化趋势。2009 年预测误差均较大，对比 3 个控制单元 2009 年计算值可以看出出现突变点位，由于时序性模型是线性预测方法，对于突变位置的预测能力较差，如需进一步提升预测精准度，需要结合非线性预测方法进行结果修正。而人工神经网络预测的线性相关程度略低于时序性预测方法，但对于突变点位的预测效果较好。选择合适的算法后，部分 BP 神经网络预测的效果较好，误差较小，拟合离散程度较好，但也会出现预测效果不佳的点位，这是由于神经网络存在不确定性，输入的训练数据较少造成的。将二者结合，应用 ARMA-BP 组合算法后，线性相关系数趋近于 1，整体预测值与真值的误差极小，相较于前两种预测方法效果更好。该方法对于 ARMA 模型的误差、BP 神经网络进行了有效的校准，且预测值较为准确，有效地规避了时序性预测模型针对非线性事件预测效果较差的现象。

4.3 小结

① 本章介绍了 ARMA 时序性预测模型、BP 神经网络模型和 ARMA-BP 组合预测模型，并确定了各个模型的具体参数。

② ARMA 模型对辽河流域典型控制单元的水环境累积性风险预测结果表明，3 个控制单元风险均呈下降趋势，且绝对误差较小。BP 神经网络模型对辽河流域典型控制单元的水环境累积性风险预测结果表明，2016 年以前 3 个控制单元预测绝对误差较小，2016 年以后绝对误差变大，3 个控制单元风险均呈下降趋势。ARMA-BP 组合模型对辽河流域典型控制单元的水环境累积性风险预测结果表明，2019～2021 年 3 个控制单元风险均呈下降趋势，绝对误差较小。

③ 计算预测结果的 MRE、RMSE、R 结果表明，ARMA-BP 组合模型预测效果最佳，其次是 ARMA 模型，最差是 BP 神经网络模型。

第**5**章
优控污染物筛选技术

  辽河流域主要包括两大独立水系，分别是东西辽河水系和浑太水系。近年来辽宁省工业和农业规模快速发展，为推动我国的城市和工业化进程做出了历史性重大贡献，但伴随着经济的快速发展，以及生产规模的加大，产生的污染物给流域环境带来了巨大的冲击。根据辽宁省工业污染的行业统计分析结果得出石油加工业、化学原料及化学制品制造业、造纸及制品业、黑色金属冶炼及压延加工业、农副食品加工业、饮料制造业和医药制造业7个行业是主要的废水排放行业。在生产过程中，化学品的生产、排放和流通会造成一些有毒化学品及有毒副产物进入水环境，且农药、杀虫剂、除草剂等面源污染物会随雨水径流进入水体，共同导致辽河流域水环境的污染。

  国家"十二五"水专项有关辽河流域水环境管理课题研究人员针对辽河流域有毒有害污染情况进行调查，明确了辽河流域具有工业源、城镇市政污水排放及农业面源混合型污染特征，得到辽河流域受多环芳烃类、有机氯农药多氯联苯及其他有毒有害污染物的污染现状。这类有毒有害污染物危害不小，甚至具有更大的潜在威胁。常规指标BOD、COD并不能充分反映有机物污染状况，现代环境毒理学的研究和发展证明，即使在低浓度下，有毒有机物也可能对人体健康和环境造成严重甚至不可逆的影响。一些有毒有机物往往难于降解，并具有生物累积性和"三致"（致癌、致畸、致突变）性，有的有毒污染物通过迁移、转化和富集，浓度水平还可能提高数倍甚至上百倍，对生态环境和人体健康是一种潜在威胁。

  针对有毒有害污染物的潜在风险，结合有毒有害污染物实际污染情况，对其进行分级排序，从中筛选出潜在风险大的污染物作为控制对象，将它们列入重点控制的有毒有害污染物清单中，这样能全面反映水环境质量状况，更有利于水体污染防治工作的进行。这也正是发展有机污染物分析测试技术及控制手段的原因所在。

  在"分区、分类、分级、分期"的水环境管理理念的指导下，在"流域-区域-控制单元-污染源"水环境管理层次体系中，基于控制单元的水污染管理已经成为国际水环境保护领域的主要趋势。针对不同控制单元、不同环境问题和不同控制要求，进一步深化和落实流域水质目标管理的控制要求和管理内容，分解控制指标，体现了流域水质目标管理的分层控制、层层落实、层层衔接，最终将流域水质目标管理落实于控制单元。

随着辽河流域控制单元污染问题日益显现，应采取强有力的防治污染措施。在辽河流域控制单元划分的基础上，综合考虑不同控制单元的水生态目标、水环境目标、水质现状、治理技术可行性、社会经济发展水平、投资效益比等，确定优先典型控制单元作为某一时期流域污染控制的重点，从而有计划、有步骤地分期开展水污染防治工作。就有毒化学物污染控制而言，由于控制单元内流域不同、污染状况不同，面对众多有毒污染物，不可能对每一种污染物都制定标准、限制排放、实施监测，只能筛选出对人体健康和生态平衡危害大的并具有潜在威胁的污染物作为优先控制对象，制定清单，进行优先监测。随着辽河流域内企业数量及行业的变化，有毒有害污染物治理技术的发展，原有清单已不能满足辽河流域水环境治理的新要求，迫切需要对清单进行更新。典型控制单元优控污染物清单的制定，在控制单元水质监测及突发水风险事故预警中起着至关重要的作用。

5.1 国内外研究现状

5.1.1 优控污染物筛选方法研究现状

国外对于优先控制污染物的筛选，建立了不同的筛选方法。如美国建立一整套优先控制污染物环境评选方法，根据化学品产量、一般毒性、"三致"毒性和环境中的暴露势等作为参数分别评分计算，从而确定一种污染物是否列入优先控制污染物黑名单；日本以生物降解性、鱼体中的积累性和急性中毒程度筛选出有毒物质，再进行全国范围的环境调查，找出检出率高、浓度大的作为优先控制污染物。近年来，美国、日本发达国家研究工作的重点已转向对人体和动物有着更为严重影响的环境激素研究。

在借鉴国外优先控制污染源筛选技术的基础上，我国研究人员结合实际情况，针对局部区域的污染源进行研究，探索筛选优先控制污染物的定量评分法、半定量评分法。目前，筛选技术中应用最广泛的是美国国家环境保护局工业环境实验室研究提出的潜在危害指数法。在此基础上，我国研究人员提出了潜在危害指数法、改进潜在危害指数法、结合潜在危害指数法的加权评分法、以筛选指标为评价依据的综合评分法等定量评分法。

（1）定量评分法

定量评分法是一种考虑因素全面，能够对指标进行量化，有利筛选过程数字化、计算机化的一种方法，对各参数选择的准确性及代表性具有较高的要求。定量评分法主要有潜在危害指数法、改进潜在危害指数法、潜在生态危害指数法、综合评分法等。

1) 潜在危害指数法

潜在危害指数法是一种依据化学物质对环境的潜在危害大小进行排序的方法。其特点是以化学物质对人和生物的毒性效应作为主要参数，利用各种毒性数据，通过统一模式来估算化学物质的潜在危害大小，具有快捷简便、可比性强的特点。

潜在危险指数越大，说明该化学物质对环境构成危害的可能性越大。潜在危险指数的灵敏度很高，有些化学物质虽是同分异构体，其潜在危险指数却明显不同，在具体应用时，可将各种污染物的潜在危险指数与其单位时间的排放量相乘，乘积越大，在评价时排序越靠前，因此应作为重点污染物考虑。

目前，我国使用的潜在危害指数法中所引用的化学物质的潜在危害指数是由美国国家环境保护局工业环境实验室研究得出，通过较简单的方程计算来表示化学物质对环境的潜在危害值。利用此法，可以有效地对一些缺少环境标准的复杂化学物质进行筛选，及时找出主要污染物，在进一步研究中避免盲目性。在潜在危害指数计算公式中，数据不能全部体现污染物在水中的特性，未考虑污染物在环境中的环境效应。

2) 改进潜在危害指数法

改进潜在危害指数法是对潜在危害指数法中提出的计算公式及权重占比分别进行改进。改进方法主要分为以下两个方面。

一方面，针对潜在危害指数计算公式中参数选取的改进。因为在毒性物质车间空气的允许（最高）浓度（$AMEG_{AH}$）和"三致"物质或"三致"可疑物在车间空气的允许（最高）浓度（$AMEG_{AC}$）两个指标的计算过程中不可避免地要用到化学物质的阈限值或推荐值，而该值代表的是车间空气的允许（最高）浓度，并不能体现该化学物质在水环境条件下的危害程度。为了使该指标更好地适用于水环境的优先污染物筛选，对 $AMEG_{AH}$ 计算公式进行改进，使用小白鼠经口给毒的半数致死量（LD_{50}）能够直接表达出化学物质对生物体的危害剂量，虽然与半致死浓度（LC_{50}）有一定差别，但仍可间接表征该化学物质在水域中的危害程度；$AMEG_{AC}$ 计算时应将"三致"物质或"三致"可疑物在车间空气的允许（最高）浓度改为在水体中的允许（最高）浓度。通过这样的改进，将使潜在危害指数完全体现了水环境的特点，对水环境优先污染物筛选也就更有说服力。

另一方面，在考虑化学物质的毒效应基础上，综合考虑流域介质中化学物质的检出浓度和检出率，进行加权平均，通过分值比较，从而判断该化学物质是否为流域特征污染物。在以往潜在危害指数总分计算的基础上，对潜在危害指数所占权重进行优化，加大潜在危害指数在权重中所占比重。污染物在水体、沉积物中浓度分值与检出率分值所占权重不变。优化后，间接提高污染物实际检出率与检出浓度所占比重，体现了实际暴露水平下污染物的风险评价。在辽河流域有毒有害物污染控制技术与应用示范研究中，应用改进潜在危害指数法对典型行业对应辽河支流进行优控污染物筛选。

虽然改进潜在危害指数法对参数计算公式与权重进行优化，但是相同于潜在危害指数法，改进潜在危害指数法未考虑污染物的慢性效应和理化性质。

3）潜在生态危害指数法

潜在生态危害指数大小能够反映某一污染物（元素）的污染程度。根据重金属离子单个元素的污染系数、沉积物重金属污染度、重金属的毒性响应系数计算，得到污染物潜在生态危害指数综合值，此值分为 4 个等级。潜在生态危害指数法是将潜在生态危害指数计算结果与重金属离子水体底泥实测检出浓度及检出率结果相结合，对各项得分进行加和，总分高的污染物作为优控污染物。该方法适用于重金属筛选，但不能对其他复杂有机物的筛选进行评价。

在"十一五"大伙房水库风险源识别与风险评估技术研究中，大伙房水库污染物筛选采用潜在生态危害指数法。

4）综合评分法

综合评分法是采用打分的方式，按照待选污染物的综合得分的多少排出先后次序，从而达到筛选目的。综合评分法选取了不同代表性单项指标，为各单项指标制定定量标准，有些不易定量的参数利用定性-数量化方法，进行标准化定量。将各参数分值叠加，作为污染物的总分值。分值越高，表明潜在危害越大。为计算简便，除污染物的检出频率外，定重参数多采用 10 倍量定值，这样既可使分值下降，也可降低对原始数据精度的要求，使之更加符合实际情况。通过专家打分的方式，对各单项指标引入权重系数进行加权计算，并按计算结果进行排序和初筛。在综合考虑治理技术可行性、经济性以及可监测条件，并对照国内外同类污染物黑名单的基础上，对初筛结果进行复审、调整，得出适合的污染物重点控制清单。

综合评分法较为全面，简单易行，但是不同污染物某些指标间存在矛盾的情况，在总分值上得不到反映或被忽略掩盖，某些参数的分级赋分较困难，不同的赋分范围及计算权重的确定往往带有一定的主观因素。此方法多用在污染物质种类较少、判定区域范围较小时的情况，范围较大且污染物种类较多时，此方法就具有一定的局限性。随着综合评分法研究的深入，选择具有科学依据的筛选指标及筛选指标的评级依据成为研究工作者的研究重点。

流域水污染源风险管理技术研究中对辽河辽阳段的污染物、松花江流域中监测到的污染物采用综合评分法进行筛选。筛选指标包括污染源检出情况、流域检出情况、潜在危害等级、生物持久性、累积性、富集性。

5）结合潜在危害指数法的加权评分法

河流水环境综合整治技术研究与综合示范对淡水河流优控污染物进行筛选，提出结合潜在危害指数法的加权评分法。在只考虑潜在危害指数的筛选方法应用中，污染物 LD_{50} 毒性指标所占比重成为筛选主要部分，随着有机物毒理学的发展，改善了仅用 LD_{50} 单性指标评价有机物毒性的片面性，增加了持久性、累积性以及"三致"有机物等毒理学指标，毒理学数据库得以扩充，增加的筛选指标能够更准确地评价污染物对环境的影响程度。综合潜在危害指数与综合评分法将潜在危害指数作为加权评分法中一个重要的筛选指标，对流域有机物其他毒性及特性指标进行赋分，计算得到总评分值，将分值靠前的污染物作为优控污染物。

6）模糊综合评判法

模糊综合评判法是运用模糊数学的思想，对现实世界中不易明确界定的事物进行综合评判的一种数学方法。该方法依据既定的筛选原则和程序，运用各种参数和数据对候选清单中的化学污染物进行讨论和综合考察，反复比较，逐步缩小入选的品种和范围，结合考虑技术经济水平、监测的可能性、环境保护管理部门的目标和需要、环境标准和法规等因素，得出环境污染物清单。

模糊综合评判方法的基本思想是在确定评价指标、评价等级标准和指标权重的基础上，运用模糊集合变换原理，以隶属度描述各级指标及同一指标内各要素的模糊界线，构造模糊评判矩阵，通过多层的复合运算，最终确定评价对象所属等级。由于信息素养评价指标各要素没有明确的外延边界，很难对各要素量化处理，因此选用模糊综合评判法进行信息素养评价是适宜的。如对事物 X 进行评价，设有 n 个评价等级，则其评价等级 $U=\{u_1,u_2,u_3,\cdots,u_n\}$。

第一步，生成单因素评价表。由评价小组成员对每一个子因素进行评价，对评价要素进行量化处理，形成判断矩阵 R（$R=[R_{ij}]$），单因素的权重系数矩阵 A（$A=[A_{ij}]$）与判断矩阵 R 合成，即得到每个单因素的综合评价矩阵 H（$H=AR$）。R_{ij} 为单因素权重系数矩阵；A_{ij} 为判断矩阵；i 为评价指标数；j 为评价等级。

第二步，进行综合评价运算。将求出的各个单因素的评价矩阵组成综合评价矩阵 H'，与综合权重系数矩阵 A' 合成，即得到综合评价矩阵 $E=H'A'$。

第三步，量化定性。模糊综合评判法求得的最后结果是矩阵的形式，不够直观简洁。为了综合定量地表述评价结果，可以先给每个评价等级赋值，等级赋值所得集合 $V=\{P_1,P_2,P_3,P_4\}$。EV 就是综合评价结果所得数值，通过这个数值可以直接看出评价对象的优劣程度。

模糊综合评判法不仅可以用来进行污染物的筛选，也是环境影响评价的重要技术手段。模糊综合评判法具有简单、易行、直观、有效的特点，实现了定量和定性两个层面的评判，是一种较常用的方法。但是，这种方法筛选结果的精度和可接受程度也常常受到专家的学识水平和实践经验的限制。

7）Hasse 图解法

Halfon 和 Bruggemann 首先提出了基于图论中的 Hasse 图解法，采用向量描述化合物的危害性，以图形方式显示化合物危害性的相对大小以及它们之间的逻辑关系。目前，Hasse 图解法的应用已成功地扩展到水体农药残留预测、生态系统比较以及环境数据库评价等领域。

在应用 Hasse 图解法时，化合物的危害性用向量表征。向量中的诸元素是化合物的各种表征暴露和毒性大小的理化指标与生物学指标的测量值，化合物之间相对危害性的大小是通过一对一比较向量中相应元素的数值来确定的。在 Hasse 图上，化合物用带数字编号的圆圈表示，并排列在直线交错的网络中，危害性最大的化合物置于图的顶部，危害性最小的化合物置于底部。在实现对化合物危害性排序的同时，也将化合物之间因指标大小不能直接比较的矛盾展现在图中。在对多个化合物进行排序时，初始的排序图往往需经过简化才能得到最终 Hasse 图。简化需遵循向量的可递性和以最少水平层数存放不可比化合物的原则。化合物在 Hasse 图上的排序与选用的指标有关，在实际排序时可略去个别使大多数化合物都不能比较的指标或数值相同的指标，以提高化合物间的可比性。还可以进一步通过建立分析矩阵，判断指标的重要性并对它们进行取舍。实现 Hasse 图解法排序可有两种不同形式：一种是基于潜在危害最小化考虑，另一种是基于潜在危害最大化考虑。

Hasse 图解法是一种成熟的筛选方法，能直观地表示出各种化合物相对危害性的大小，最大限度地展示不同指标之间的矛盾，使得危害性最高和最低的化合物处于最显著的位置，便于做出重点监测的决策。但是，Hasse 图解法的图谱绘制比较烦琐，容易出错。如果将 Hasse 图解法与评分排序法结合起来，相互取长补短，可使污染物的筛选研究更进一步。

8）密切值法

密切值法是多目标决策中的一种优选方法，在样本优劣排序方面有独到之处。其基本原理是：将有机污染物各评价指标（污染物的毒性、在环境中的暴露情况和在水环境中的迁移转化）的极端情况组成最优和最劣样本，再求密切值，即可综合反映与最优和最劣样本距离两者水平的参数，并根据各污染物最优（劣）密切值的大小进行排序，根据最优（劣）密切值的突变来进行分类分析。有机污染物优先排序与风险分类涉及通常是不相容的多指标的综合评价问题，因此，将多指标转化为一个能综合反映有机污染物优先排序的单指标是研究的核心和基本途径。

密切值法既可用于排序又可用于分类。密切值法概念清晰，每一参数意义明确，每一步骤意图明了，计算方法较为灵活，具有较强的可行性、合理性和实用性。此外，密切值法计算简单，计算量小，可处理的数据量大。在进行排序和评价时，可同时考虑不同评价指标的重要性，赋予不同的权重，使结果更切合实际。

9）模糊聚类法

模糊聚类法是用模糊数学的方法，对一批样本按照它们在某种性质上亲疏远近的程度，进行聚类分析的一种方法。筛选环境污染物实质上是对化学污染物按其"优先级"高低进行分类，但各类之间并没有严格的界限，是个模糊的概念。筛选中要考虑的因素很多，各指标间的关系错综复杂，很难对其进行精确化和定量化的处理。模糊聚类分析提供了处理这类问题的有效手段。模糊聚类法的优点是能综合利用多种定性的和定量的指标进行化学污染物的分类，分类的结果具有较直观和客观的特点。但此法与潜在危害指数法一样，也只能做粗略的分类，其分类结果并不是最终的结论，还需有经验的专家根据实际情况对其中不尽合理的部分做适当调整。模糊聚类法使筛选环境污染物的工作从定性化迈进到定量化，是一种具有推广和应用前景的方法。

（2）半定量评分法

半定量评分法从实际出发，在环境调查的基础上，结合毒性、产品产量、专家经验等进行筛选，是具有实际应用性的优控污染物筛选方法。半定量评分法对监测数据要求高，对污染物的特性数据如毒性数据、累积性、降解性等参数需求精准，数据获取困难。水污染源监测监管技术体系研究应用半定量评分法中的得分指标对控制污染物清单进行筛选。半定量评分法得分包括毒性效应得分、环境暴露得分、生态效应得分及专家评判得分。

1）毒性效应得分

参考国内外毒性数据库数据，毒性效应得分参数分为水生生物急性毒性、哺乳动物急性毒性、哺乳动物慢性毒性、致癌性四大项。根据不同的分级计算方法，确定其各部分的 TES 值，以较小的 TES 值作为最终的 TES_{min} 值，再通过 2/3 累积指数法对数据进行转化得到毒性最终得分。评价过程中优先考虑本土生物毒性数据，以达到保护流域水生态的目标。

2）生态效应得分

污染物生态效应得分包括污染物持久性得分和生物累积性得分两部分。参考国家质量监督检验检疫总局颁布的《持久性、生物累积性和毒性及高持久性和高生物累积性物质的判定方法》（GB/T 24782—2009）对污染物持久性、累积性进行判别，从而确定得分。

3）环境暴露得分

污染物的环境暴露得分包括污染物检出频率和污染物暴露浓度得分。采用几何分组法对水体及沉积物中污染物浓度分别进行分级，用等比级数定义分级标准。监测介质包括水体、沉积物和水生动植物。

根据污染物的毒性效应得分、生态效应得分、环境暴露得分三部分计算结果进行加和，得到计算总分，将总分按照大小进行排序，根据顺序确定优控污染物。该方法考虑污染物毒性、生态效应、暴露势，计算过程需要大量毒理学实验数据。目前，毒理学数据库中新型有毒有害污染物实验数据不够完整，数据的获取与缺失会导致某些计算结果与实际偏差较大。

4）专家评判得分

在筛选获得初步污染物清单时，召开专家组会议。由专家评判污染物及筛选指标权重合理性。该方法由于专家的关注角度不同，造成主观成分较大，结果容易存在偏差。

5.1.2 流域、行业优控污染物筛选研究现状

美国是第一个开展优控污染物研究的国家。20 世纪 70 年代，美国国家环境保护局将水生生物和人体健康状况作为主要判定依据，筛选并提出了含有 129 种污染物的优先控制污染物清单，随后加拿大、日本、荷兰等提出风险管理化学品清单。我国原国家环保局于 1989 年通过的水中优先控制污染物黑名单中，提出了需优先控制的 68 种污染物，其中 58 种为有机毒物。优先控制污染物清单的提出对我国水环境的风险管理提供了有力的技术支持。但是随着新型化学品的不断生产和使用，我国原有的优先控制污染物清单已不能满足当前水环境生态风险管理要求，行业生产的变革、农药使用的新要求、新兴污染物的投入与使用都使我国面临有毒有害化学品对生态环境污染和人体健康影响的压力和挑战，迫切需要对现有污染物清单实行更新。

（1）流域优控污染物筛选研究现状

近年来，在借鉴国外优先污染物筛选技术的基础上，我国研究人员结合不同流域实际情况，对局部流域的污染物筛选进行研究，提出流域优先控制污染物清单。

徐州市环境保护科学研究所叶晓亮以徐州市工业废水污染的荆马河流域为研究对象，利用三种不同的 GC/MS 鉴定结果，检测出荆马河流域中存在的 94 种有机污染物，以检出率、排放量两个参数为基础，筛选出具有致癌性、难降解的苯系物、酚类、多环芳烃、含硫杂环化合物、有机腈、邻苯二甲酸酯类 16 种有机污染物作为荆马河重点控制有机物。

黑龙江环境保护科学院翟平阳等以我国有机物污染最严重河流的之一松花江流域为研究对象，以检出率与排放量两个因素为筛选对象，参考先进国家和我国优控污染物清单，应用 QSAR 有机物毒性预测及排序流程，在初筛清单列举的 80 种有机污染物中筛选出 10 种有机污染物作为松花江流域控制清单。

吉林市环境监测站郑庆子等选择松花江吉林段作为研究对象，对吉林市典型行业的污染特征进行归纳分析。以急性毒性、"三致"性、腐蚀性、臭味、国家优控污染物清单、以往突发水污染风险事故污染物质 6 项指标进行筛选，从初筛清单的

231 种有机污染物中筛选出 12 类 33 种有机污染物作为吉林段优控污染物。

中国科学院生态环境研究中心李奇锋等对氟化工生产排放废水主导的大凌河流域污染物进行筛选，根据污染物的毒性值与该污染物的暴露浓度值的比值，对流域检测出的 14 种污染物进行风险排序，计算污染物环境风险评价得分，得到重金属 Cu 为优控污染物。

上海市疾病预防控制中心叶玉龙等应用综合评分法，对上海市金山区 15 条河道地表水中检出的挥发性有机物进行排序，在检测出的 12 种有机污染物中筛选，将二氯甲烷、丁酮、三氯乙烯、1,2-二氯乙烷 4 种石油类污染物列为优控污染物。

中国环境科学研究院王立阳等参照欧盟现有化学物质与新化学物质风险评价技术指南（TGD），选用效应评价外推法实现特征污染物风险评价。以沈阳市内典型流域蒲河及细河的表层水检测出的有机污染物为研究对象，应用改进潜在危害指数法，确定了苯酚类与邻苯二甲酸酯类为河流优控污染物。

中央民族大学周秀花按照环境风险评价法对永定河流域检测出的有机污染物进行分析，从生态风险、健康风险两方面出发，筛选出 37 种污染物作为永定河流域金山区地表水优控污染物。

桂林理工大学杜士林利用美国 EPA 优控污染物筛选技术，采用综合评分法，选取毒性效应、环境暴露、生态效应 3 个指标，以高通量有机污染物检测方法检测出有机污染物为筛选对象，筛选得到包括重金属、有机农药、取代苯、卤代脂肪烃、苯胺类、邻苯二甲酸酯类、多氯联苯、多环芳烃 8 类 40 种污染物作为沙颍河优控污染物。

吉林建筑大学朱韵洁等应用综合得分法对辽东湾近岸海域包括重金属、无机氮、活性磷酸盐、氰化物、挥发酚、石油类 12 种污染物进行检测筛选，筛选得到 Cd、Cu 两种重金属离子作为辽东湾优控污染物。

随着污染物毒理学研究的深入，以及污染物毒理学数据的丰富，污染物对生态及人体健康的风险逐渐引起人们的关注，筛选指标从一开始的检出率、排放量、检出浓度等定量分析指标，更加深入到污染物本身对生态及人体健康的影响，对环境影响的筛选指标生物累积性、污染物持久性、环境激素等，对人体健康影响的有毒化学品筛选指标逐渐被考虑其中。

（2）行业优控污染物筛选研究现状

随着流域有机污染物研究逐渐深入，从源头治理有毒有害污染物的治理模式逐渐成为解决流域污染物污染的有效方法，即从污染行业层面关注污染物，完善流域污染物溯源，细化行业优控污染物的筛选，在源头实现污染物排放的管理与把控。行业特征污染筛选方法是从流域优控污染物衍生而来，从行业主流工艺出发，研究行业全过程污染物排放特征，综合考虑原料、中间物质、产品、水处理设施用料、工艺废水污染物、易发事故下产生的污染物等因素，对污染物进行筛选。

中国环境监测总站在流域水污染防治监控预警项目中根据典型行业工作特征，对造纸行业生产过程中产生的污染物进行筛选，分别对造纸行业正常工况、非正常工况运行下的特征污染物进行监测，从暴露势、持久势、毒性势三方面对监测的特征污染物进行评分，得到行业正常工况下 3 种优控污染物，非正常工况下 8 种优控污染物。

清华大学郝天等针对山西省清徐市某焦化厂的焦化废水，应用 USEtox 筛选模型，对焦化废水污染物排放名单中的有机污染物进行评分，筛选出苯并[a]芘、苯、锌为危害人体健康的优先控制污染物；芘、蒽、锌为危害生态健康的优先控制污染物。

中国环境科学院刘铮等应用综合评分法，对常州市重点纺织行业的 199 种特征污染物进行筛选，得到 39 种纺织行业优控污染物。在黑色金属延展行业 56 种特征污染物中，筛选出 12 种有机污染物作为行业优控污染物。

沈阳农业大学任幸等应用基于风险 Football 组合法对我国农业面源污染物中的 15 种邻苯二甲酸酯类有机物进行筛选，得到邻苯二甲酸二丁酯（DBP）、邻苯二甲酸二（2-乙基己基）酯（DEHP）、邻苯二甲酸二异丁酯（DIBP）、邻苯二甲酸丁基苄基酯（BBP）和邻苯二甲酸二乙酯（DEP）5 种具有高风险的污染物作为优控污染物。

天津市生态环境科学研究院孟洁等对橡胶制品行业异味污染成因进行分析，使用聚类分析、主成分分析和综合评价法，确定橡胶行业 20 种优控污染物。

与流域优控污染物筛选相比，行业污染物筛选更加注重反映污染物环境影响与毒理学性质的指标，同时考虑突发风险事故造成的爆发式污染，因此行业优控污染物筛选指标着重于反映污染物对环境及人体健康的威胁。

5.1.3　计算毒理学软件在污染物筛选中的应用现状

计算毒理学是基于计算化学、化学-生物信息学和系统生物学原理，通过构建计算机模型来实现化学品环境暴露、危害与风险的高效模拟预测的新兴学科。EPA 将计算毒理学定义为"应用数学及计算机模型来预测、阐明化合物的毒副作用及作用机理"。计算毒理学研究起始于 20 世纪 80 年代初，通过统计模型或专家系统预测化合物的毒性，即分为专家系统和统计模型两类研究方法。2013 年诺贝尔化学奖获得者 Martin Karplus、Michael Levitt 和 Arieh Warshel 利用他们开发的计算机模拟系统揭示了蛋白质与其他化合物之间的反应机理。计算化学家 John A. Pople 开发了一款著名的计算化学软件 GAUSSIAN。这款软件在计算机技术的辅助下，模拟出化合物逼真复杂的分子模型，进而预测化学实验的最终结果。在计算化学和计算生物学的基础上，科学家们将计算机技术应用于毒理学中，发展出一门新的毒理学子学科，即计算毒理学。近年来，计算毒理学越来越受到科学家们的重视，EPA 首先实施了一个名为"计算毒理学研究（CompTox）"的项目，以建立计算机模型来预测化合物的毒性及对人体健康可能造成的不良影响。计算毒理学发展至今，越来越多满足不同需要的计算毒理学软件已被开发，供研究人员进行毒理学计算。

目前，被研究者广泛认可的软件有 EPA 有毒污染物质预防办公室和 SRC（Syracuse Research Corporation）研究开发的，基于 Windows 系统，计算污染物物理-化学特性和环境迁移的 EPI Suite 软件；通过分析已知的 QSAR 模型、EPA 以及 ITC（Interagency Testing Committee）发表的专题文献中的化合物毒性数据，输出预测结果的 TEST 软件；应用决策树方法来评估有机物有毒危害的 Toxtree 软件；依据生物端点与足够的实验数据，预测复杂的毒理学终点，如致癌性、长期毒性和生殖毒性的 Lazar 软件；利用实验分析、动物模型计算化合物分子结构，预测化学品的毒性和环境影响数据的 Topcat 软件；基于特定元素的拓扑描述符（ESTD）方法，实现对小分子进行定量毒性测定的 TopTox 软件；基于化合物与已知数据库中致死剂量（LD_{50}）的相似性分析，结合有毒官能团鉴定的 ProTox 软件；利用物理-化学吸收、分布、代谢和排泄（ADME）特性模型，实现污染物毒性预测终点的 Percepta Predictors 软件；使用生物转化的模型，预测异种生物的代谢，并根据化学产品的结构式计算代谢物的毒性的 Metatox 软件；支持化学危害评估，提供了检索实验数据的功能，模拟代谢和分析化学物质特性的 QSAR Toolbox 软件；由 Simulation Plus 公司开发，通过分子结构预测大量的 ADMET 属性，也可以通过集成的 ADMET Modeler 模块，从用户数据中构建新的预测模型的 ADMET Predictor 软件；由 ChemAxon 公司提供，预测给定化学品主要代谢物并估计代谢稳定性，通过 MS 质量值来鉴定代谢产物，并提供有关细菌降解化学物质对环境影响的信息的 Metabolizer 软件。这些计算毒理学软件的开发，为化学品结构及毒理学数据的实验测定节约了动物实验的高昂费用，解决了实验过程中存在的伦理问题，为化学物质毒性的计算预测提供了基础保障。应用计算毒理学软件对化学品进行毒性与风险评估，逐渐被认为是快速且具有理论支持的高效评估方法。

2010 年 Howard 等从化学品的环境影响效应出发，选择化学品持久性、生物累积性为评价指标，应用 EPI Suite 软件对 22263 种商业化学品进行筛选，得出 610 种化学品可能具有持久性和生物富集性化合物，为高关注化学品。

2011 年王红等以 US FDA 在环境中发现的药品数据库中的 275 种药物为研究对象，应用 TEST 软件对药物的物理化学性质、BCF 及生物降解性进行输出，得到 92 种药物作为潜在生物富集性药物、121 种药物作为潜在持久性药物。

2016 年高雅等应用 TOPKAT 和 Derek 平台预测中草药重要成分的毒性，给出中草药中成分致癌预警，应用 Toxtree 软件对中草药重要成分的毒理学关注阈值实现预测。同年，金晶等应用 EPI Suite 软件，建立适用于皮革行业化学品持久性有机污染的评价方法，给出皮革化学品的预警性筛选，实现从源头对污染物质进行控制。

2020 年周伟等应用 EPI Suite 软件，计算化学品对藻类的急性毒性 EC_{50}，推导出 503 种化学品的安全管控浓度，为企业提供可参照的化学品环境暴露管控标准、化学品科学管理工作提供数据支撑和决策支持。

随着计算毒理学对化学品毒性数据预测的深入，化学品毒性数据得到补充，将其与污染物筛选相结合，解决了在优控污染物筛选中毒性指标及理化指标数据大量缺失的问题。

2007 年 EPA 发起了一个名为"Tox Cast"项目，利用计算毒理学方法建立环境污染物结构-效应关系模型，并应用建立的模型预测，评估环境污染物毒性，选取包括致癌性、发育和生殖毒性、神经毒性和免疫毒性等指标作为排序依据。

2009 年王昭等将计算毒理学软件应用于优控污染物的检验中，利用 EPI Suite (V3.2) 计算了中国水中优先控制污染物黑名单中的 58 种污染物在土壤中的半衰期（DT_{50}）和 K_{oc}，得到有机污染物污染指数。

2015 年中国矿业大学李庆应用 TEST 软件对中国地下水优控污染物清单中有机物半数致死量 LD_{50} 进行预测，补充有机物筛选毒性分级指标，应用 EPI Suite 软件模拟输出计算的有机物半衰期与生物富集指数作为分级参考，结合检出率，评价污染物对环境影响程度。

2015 年国家海洋环境监测中心王莹等利用 EPI Suite 软件，以持久性、生物累积性和毒性物质（PBT）为指标，对海洋溢油事故中的特征污染物进行筛选，得到 12 种污染物作为溢油事故特征污染物。

2015 年吉林大学于喜鹏等应用 EPI Suit 软件，以沈阳市周边地下水为研究对象，应用半定量筛选方法，计算地下水中污染物的迁移性与降解性得分，完成研究区域污染物的风险评价。

由此可以看出，在优控污染物筛选中计算毒理学软件的使用解决了数据难获取、难统一、多空白的问题，是优控污染物筛选必然应用的科技手段。

5. 1. 4　辽河流域优控污染物研究现状

辽河流域特别是辽宁省近年来由于制药、冶金、印染、化工为主的工业快速发展，给流域环境带来了巨大的冲击，造成了辽河流域水体的有机污染物严重污染，对环境及人体健康造成威胁。对辽河流域有毒有害污染物进行筛选，提出优先管控污染物清单为辽河流域污染物的治理提供强有力技术支撑。

目前，已经制定了辽河流域重点支流流域及部分典型行业的优控污染物清单。

2005 年沈阳市环境监测中心站王莉等应用潜在危害指数法对浑河流域沈阳段地表水及底质检出的 14 类 403 种有机污染物潜在危害指数进行计算，在污染物检出率、检出浓度基础上得到污染物评价总分值，将总分值高于 10 分的 111 种污染物列为浑河沈阳段优先管控污染物。

2014 年沈阳建筑大学王迪等应用综合评分法，以环境激素、断面检出率、有毒化学品、潜在危害指数、持久性、国控、美控为筛选指标，对清河流域内缫丝加工行业为研究对象，从营养化、毒理性角度，运用初选、精选、复选 3 个阶段法，对污染源自动监测指标进行优化与筛选，提出了 7 种行业重点监测有机物清单。

2015 年西安建筑科技大学张晓孟等采用改进潜在危害指数法，以印染行业重点污染河段辽河流域海城河支流为研究对象，对其地表水检测出的 48 种有机污染物进行筛选，提出了酯和邻苯二甲酸酯类、含氮杂环类、胺及苯胺类、氯苯类、硝基苯类、苯酚类、苯及其他取代苯类、多环芳烃类 44 种优先控制污染物清单。

2017 年沈阳航空航天大学可欣等应用潜在危害指数加权法对有机物进行评价，风险熵值法评估非离子氮生态风险及沉积物中的重金属，对辽河流域保护区 74 种污染物筛选，确定非离子氮、重金属、有机物 8 种污染物为辽河保护区优控污染物。

随着有毒有害污染物治理工作的推进，辽河流域有毒有害污染物分布特征的转变，以及落实以控制单元为基础的辽河流域治理体系，有必要对辽河流域控制单元中有毒有害污染物进行调查和相关性分析，识别主要污染源，建立辽河流域控制单元优先控制污染物清单，为管理部门制定辽河流域污染物防控对策及方案提供技术支持。

5.1.5　存在问题

我国流域优控污染物筛选起步较晚，目前优控污染物筛选方法与优控污染物清单的建立仍存在许多不足与空白。

首先，我国目前对于污染物清单的建立主要集中于地下水、流域以及重点关注行业，忽略了面源污染物农药、杀虫剂等清单的建立。农药、杀虫剂等物质不能像点源污染企业污染物，进入污水处理厂处理后排放，而随着雨水径流进入周边流域，存在巨大的水体污染风险。另外，我国深入推荐分区管理体系，对整个流域的污染物筛选已经不能满足细化流域控制单元管理的需求。辽河流域水管理部门在"十四五"期间将实现以控制单元为单位的水管理与治理，需在"十一五""十二五"研究成果基础上，在"十三五"期间提出一种合理的污染物筛选方法，列出辽河流域控制单元优控污染物清单。

其次，潜在危害指数法、综合评分法评价指标得分计算需大量毒理学数据作为支撑。随着新型污染物的爆发增长，目前 70％化学品缺乏必要的毒理学数据。在评价过程中，数据的缺失将导致一些重毒性污染物赋分不能准确反映污染物风险，造成筛选的不准确性，从而对水环境及人体健康造成巨大威胁。

5.2 水环境优控污染物筛选技术

改进潜在危害指数法与综合评分法是目前优控污染物筛选应用的主要方法，本研究将改进潜在危害指数法与综合评分法相结合，选取 7 个筛选指标，应用 TEST、EPI Suite、Lazar 三款计算毒理学软件对筛选指标计算所需参数进行计算，得到结合改进潜在危害指数法的综合评分法，作为辽河流域典型控制单元优控污染物筛选方法。

5.2.1 优控污染物筛选原则

筛选控制单元内流域特征污染物是控制化学品污染的一项重要基础性工作，从量大面广的流域化学污染物中筛选出特征污染物清单，需对化学污染物做出严格客观的评价。优控污染物筛选原则如下。

① 产生量大、使用量大；

② 排放量大、废弃量大；

③ 毒效应（急性毒性、慢性毒性，"三致"性等）大；

④ 在环境中降解缓慢、有蓄积迁移作用；

⑤ 环境中检出率高；

⑥ 已造成污染或环境浓度高；

⑦ 已有条件可以监测；

⑧ 已公布的各类环境权威优控污染物清单。

5.2.2 水环境优控污染物筛选方法

结合潜在危害指数法的综合评分法是以环境暴露指数和环境效应指数为基础，综合考虑污染物毒性的优控污染物筛选方法。筛选流程如下。

① 筛选控制单元内重点污染源；

② 预测特征污染物，列出污染物初筛清单；

③ 检测水体中污染物浓度；

④ 应用计算毒理学软补充毒理学缺失数据，计算初筛污染物各指标得分；

⑤ 计算污染物综合得分，按照得分大小进行排序；

⑥ 初步列出控制单元优控污染物清单；

⑦ 对控制单元优控污染物清单进行专家复审。

5.2.3　污染源识别

水体毒害性污染源包括工业废水、生活污水、农业污水。

（1）工业废水

工业废水是最主要的污染源，有以下几个特点。

① 排放量大、污染范围广、排放方式复杂和工业生产用水量大

相当一部分生产用水中都携带原料、中间产物、副产物及产物等。不少产品在使用中又会产生新的污染。工业废水的排放方式复杂，有间歇排放和连续排放、规律排放和无规律排放的区别，对水污染的防治造成很大困难。

② 污染物种类繁多、浓度波动幅度大

由于工业产品的品种多，工业生产过程中排出的污染物种类也很多。不同污染物性质有很大差异，工业废水中污染物浓度也相差甚远，高的可达数万毫克/升以上，如生产酚醛树脂时，排出的含酚废水浓度高的可达 40000mg/L；低的仅在 10mg/L 以下，有的工业废水中甚至不含污染物，只有温度发生变化。

③ 毒害性化学物质具有毒性、刺激性、腐蚀性和 pH 值变化幅度大的特点

含有酸碱的废水有刺激性、腐蚀性，有机含氧化合物如醛、酮、醚等有还原性，会消耗水中的溶解氧。工业废水中含有大量的氮、磷、钾等营养物质，会造成水体富营养化。工业废水中悬浮物含量也很高，最高可达数千毫克/升，约是生活污水的 10 倍。

④ 污染物排放后迁移变化规律差异大

工业废水中所含各种污染物的物理性质和化学性质差别很大，有些还有较大的蓄积性及较高的稳定性。一旦无序化排放，迁移变化规律就显著不同，或成为沉积物，或经挥发转入大气和富集于各类生物体内，有的则分解转化为其他化学物质，甚至造成二次污染，使污染物具有更大的危险性。

（2）生活污水

生活污水中固体悬浮物含量很少（不到1%），主要是日常生活中的各种洗涤水。生活污水含氮、磷、硫较高；含有的纤维素、淀粉、糖类、脂肪、蛋白质、尿素等在厌氧性条件下易产生恶臭物质；含有多种微生物，如细菌、病原菌，易使人感染上各种疾病；洗涤剂的大量使用使其在污水中含量很大，对人体有一定危害；

日常生活中用量最大的化学物质——药物与个人护理品，特别是抗生素类药物造成环境污染。例如，细菌耐药性的不断增强和环境"雌性化"是当前人类面临的两个重大健康挑战，它们都与药物的使用和污染有关。

（3）农业污水

农业污水主要是农村污水和灌溉水。化肥和农药的大量使用，造成水体污染和富营养化使水质恶化。

5.2.4　检测断面定位

控制单元检测断面定位原则如下。

（1）代表性原则

选择的检测断面在宏观上能反映控制单元水系环境特征，微观上能反映断面特征，因而其设置时要考虑水文、污染源状况。

（2）掌握水环境受污染程度及其变化情况原则

可以设在城市下游、工业集中区下游、支流汇入口前断面、入海口断面、湖库河流出入口。为反映本地区排放的废水对河段水质的影响，其位置应设在排污区（口）的下游，污染物与河水能较充分混合处。断面与废水排放口的距离应根据污染物的迁移、转化规律、河流流量和河道水力特征确定。

（3）水期原则

针对北方冬季干旱少雨、夏季火热多雨的特殊气候特征，定位时要研究不同水期水环境质量的变化，充分考虑控制单元水期的影响。

5.2.5　样品检测

（1）水样采集与保存

采用容积为1L塑料采样瓶，采样前将采样瓶与采样桶浸润、冲洗，重复3次后，将采样桶在所采样水体浸泡10s后进行采样。水样采集后滴加2～3滴浓硫酸维持pH值，放入车载冰箱内5℃低温保存，带回实验室检测。

（2）检测方法

邻苯二甲酸酯类、苯胺类物质采用气象色谱-质谱法，苯酚类、苯系物物质采用液液萃取-气相色谱法，多环芳烃类物质采用液液萃取和固相萃取高效液相萃取法。

有机污染物检出限见表5-1。当水样中有机污染物浓度低于检出限时忽略不计，定义为未检出。

表 5-1　有机污染物检出限

检测项目	检出限	检测项目	检出限
邻苯二甲酸二(2-乙基己基)酯	2μg/L	邻苯二甲酸二乙酯	1.9μg/L
邻苯二甲酸二正辛酯	2.5μg/L	邻苯二甲酸二丁酯	0.1μg/L
对-二硝基苯	0.08mg/L	间-二硝基苯	0.4mg/L
甲苯	1μg/L	氯苯	0.008mg/L
硝基苯	0.17μg/L	2-硝基甲苯	0.20μg/L
4-硝基甲苯	0.22μg/L	3-硝基甲苯	0.22μg/L
2,4-二甲基苯酚	0.7μg/L	邻甲酚	0.2μg/L
苯胺	0.057μg/L	3-硝基苯胺	0.046μg/L
苯并[a]芘	0.0004μg/L	苯并[b,k]荧蒽	0.004μg/L
苯并[g,h,i]芘	0.005μg/L	茚并[1,2,3-cd]芘	0.005μg/L
芴	0.013μg/L	菲	0.012μg/L
蒽	0.004μg/L	萘	0.012μg/L
阿特拉津	0.0005mg/L	六六六	0.01μg/L
DDT	0.02μg/L	乐果	1.4×10^{-4}mg/L

重金属离子检测依据《生活饮用水检测方法金属指标》（GB/T 5750.6—2006），采用原子吸收分光光度计法进行检测。

重金属污染物检出限见表 5-2。当水样中重金属污染物浓度低于检出限时忽略不计，定义为未检出。

表 5-2　重金属污染物检出限

检测项目	检出限	检测项目	检出限
铜	5μg/L	汞	0.00001mg/L
锌	0.01mg/L	砷	1μg/L
锰	0.02mg/L	镉	0.5mg/L
硒	0.4μg/L	六价铬	0.04mg/L

5.2.6　筛选指标的确定

结合辽河流域行业特征及水体环境特点，选取结合改进潜在危害指数法的综合评分法为辽河流域控制单元优控污染物筛选方法。本方法能够考虑污染物理化性质、毒性毒理、生态效应、环境行为等因素，以及使用现状、环境暴露、人群接触、潜在危险风险以及立法、政策、标准等诸多因素，实现评价控制单元污染物的潜在风险。

在控制单元优控污染物筛选原则的基础上，确定改进潜在危害指数总分（A'）、持久性（B'）、生物累积性（C）、迁移性（D）、"三致"性（E）、是否中国优控污染物（F）、是否美国优控污染物（G）作为筛选指标。

（1）改进潜在危害指数总分

改进潜在危害指数总分是改进潜在危害指数与污染物检出率、检出浓度三个指标计算得来。改进潜在危害指数是最直接的污染物毒害性的表达方式，其计算主要数据为半数致死量 LD_{50}。LD_{50} 是指实验室条件下的小白鼠经口或皮下注射得到的半数致死量［污染物的量(mg)/受试动物体重(kg)］，该值越低，代表污染物的毒性越强。LD_{50} 是有机物最常见的毒性检测指标，计算受试生物为小白鼠，经 14d 急性毒性试验，以经口染毒作为唯一染毒途径，当存在多个毒性数据时，取保守值作为最终的毒性值。在哺乳动物急性毒性数据——小白鼠半数致死量 LD_{50} 基础上，依据化学物质对环境的潜在危害性大小进行排序。用化学物质对人和生物的毒效应作为主要参数，利用毒性数据通过统一模式来估算化学物质的潜在危害大小。化学物质潜在危害指数依据其基本毒理学数据（如阈限值、推荐值、LD_{50} 等）按公式计算得出，潜在危害指数越大，对环境构成危害的可能性越大。

考虑污染物在控制单元区域内实际暴露程度，选择控制单元实际检出浓度、检出率作为评估对象。某些污染物本身的毒性并不大，但如果其在自然界中的浓度超过一定限值时则会对环境和人类健康造成危害。有些化合物可以作为副产物出现而进入自然环境，其在自然界中的含量与相关物质有密切的联系，所以污染物浓度反映污染物污染程度。在某一流域设置若干检测断面，某一污染物的检出率能客观地反映该污染物在这一流域的污染状况水平，是反映当地该污染物区域分布状况的重要指标。

（2）持久性

持久性是指污染物呈现在环境中的半衰期、存在的有效期或残留周期。一些化学物质，如 DDT 或多氯联苯（PCBs）类污染物由于长期使用且难以通过生物或者物理的方法自然降解，在环境介质中会残存数年。半衰期通常以 $t_{1/2}$ 表示，它以污染物降解至其初始含量一半的时间来表示。物质的持久性反映了生物体长期暴露于毒害性化学物质影响下，产生生态与健康问题的潜在风险，同时也反映了这些污染物能够扩散到各类水环境，并扩散到偏远非发达地区的可能性。通常，依靠在污染源的实际检测浓度值来确定污染物是否为持久性污染物。在实测值难以获取的情况下，可以用其他方式获得持久性污染的数据来源，包括与污染源相同的水环境条件的实验模拟数据，用生物降解评估模型推导。

（3）生物累积性

生物累积性是指生物体通过各种暴露途径接触化学物质的净积累，常用生物富集因子（BCF）来表示。BCF 是稳态条件下，测试生物体富集的污染化学物质浓度与生物体暴露的水环境中污染化学物质平均浓度的比值。BCF 用以观察生物体长期暴露在受毒害性化学物质的影响条件下所产生直接与间接毒害效应的情况。开展生物累积性实验的目的就是确定或预测 BCF。

（4）迁移性

迁移性是指污染物在环境中发生空间位置的移动及其所引起的污染物的富集、扩散和消失的过程。污染物在环境中的迁移受到两方面因素的制约：一方面是污染物自身的物理化学性质，另一方面是外界环境的物理化学条件，其中包括区域自然地理条件。迁移性指标常用土壤吸附系数 K_{oc} 表示，K_{oc} 是标化的分配系数，是以有机碳为基础表示的分配系数。根据 K_{oc} 有机化合物自身的极性特征数据，构建受毒害性有机污染物影响的生物累积性和食物链的放大、传递的过程，对于污染控制、开展完整水生生态系统的保护工作具有非常重要的技术支撑作用。

（5）"三致"性

污染物毒性如果仅仅依靠半致死浓度、致死浓度等急性毒性进行评价，那么将忽略污染物对于人体的长期危害。慢性毒性对人体健康造成的风险可能导致人体细胞癌变、新生儿化学品急性和慢性中毒等症状。因此，选择污染物的"三致"性对污染物的慢性毒性进行评价。判断"三致"性往往是以受试实验动物对化学品的阳性反应为依据。

（6）是否中国优控污染物

原国家环境保护总局"七五"科学研究从我国水环境众多有毒有害化学污染物中筛选出 68 种污染物，这些污染物污染范围广、对人体健康生态平衡危害大，定为优先测污染物。中国水环境 68 种优控污染物清单见表 5-3。

表 5-3　中国水环境 68 种优控污染物清单

类别	种类
挥发性卤代烃类（10 个）	二氯甲烷、三氯甲烷、四氯甲烷、1,2-二氯乙烷、1,1,1-三氯乙烷、1,1,2-三氯乙烷、1,1,2,2-四氯乙烷、三氯乙烯、四氯乙烯、三溴甲烷
苯系物（6 个）	苯、甲苯、乙苯、邻二甲苯、间二甲苯、对二甲苯
氯代苯类（4 个）	氯苯、邻二氯苯、对二氯苯、六氯苯
多氯联苯（1 个）	多氯联苯
酚类（6 个）	苯酚、间-甲酚、2,4-二氯酚、2,4,6-三氯酚、五氯酚、对-硝基酚
硝基苯类（6 个）	硝基苯、对硝基甲苯、2,4-二硝基甲苯、三硝基甲苯、对硝基氯苯、2,4-苯-硝基氯苯
苯胺类（4 个）	苯胺、二硝基苯胺、对硝基苯胺、2,6-二氯硝基苯胺
多环芳烃类（7 个）	萘、荧蒽、苯并[b]荧蒽、苯并[k]荧蒽、苯并[a]芘、茚并[1,2,3-cd]芘、苯并[g,h,i]芘
邻苯二甲酸酯类（3 个）	邻苯二甲酸二甲酯、邻苯二甲酸二丁酯、邻苯二甲酸二辛酯
农药类（8 个）	六六六、DDT、敌敌畏、乐果、对硫磷、甲基对硫磷、除草醚、敌百虫
丙烯腈（1 个）	丙烯腈

类别	种类
亚硝胺类（2个）	N-亚硝基二甲胺、N-亚硝基二正丙胺
氰化物（1个）	氰化物
重金属及其化合物（9个）	砷及其化合物、铍及其化合物、镉及其化合物、铬及其化合物、铜及其化合物、铅及其化合物、汞及其化合物、镍及其化合物、铊及其化合物

（7）是否美国优控污染物

污染物具有不同的分子结构和理化性质，在水环境中有着不同的迁移、转化、积累历程，归宿也不同。因此，需要弄清优先污染物在水、底泥、生物中的分布和归宿，进而选定优先采样的环境要素，以便有效地解决采什么样、分析什么项目两个基本问题。Peter M. C 根据 EPA 公布的美国水环境 129 种优控污染物清单中有关污染物在水环境中的归宿及理化性质等方面的文献资料，研究并设计了优控监测的最佳方案。根据优控污染物的理化性质及生物效应，如溶解性、降解性、挥发性、在辛醇/水二元溶剂中的分配系数、归宿等，将 129 种优控污染物分为 10 类；根据优控污染物所具有的长效性及生物积累性，将优控污染物分为 5 级；根据分类分级数据，选定并推荐优先监测采样的环境要素 10 类优控污染物。

1）金属与无机化合物

优控污染物清单中的金属和无机物有 15 种。其中，砷、铍、镉、铬、铜、铅、汞、镘、硒、银、铊及锌可以积累在底泥和生物群中。氰化物、石棉和锑具有不同的特点，氰化物的环境效应显示出短期毒性；石棉是一种易于悬浮的颗粒物，多半没有生物积累；锑可能暂时归附于底泥中。对氰化物、石棉及锑含量的监测需要直接测定水样。

2）农药类

优控污染物清单中有 20 种农药。其中，丙烯醛、氯丹、DDD、DDE、DDT、狄氏剂、七氯、TCDD 及毒杀芬可长期存在于底泥中并能被生物积累。监测这些化合物的优先对象为底泥和生物群。艾氏剂可以被生物积累，但不能长期存在于底泥中，最优监测对象是水和生物群。硫丹和硫丹硫酸酯不被生物积累，但容易被底泥吸附，优先监测对象为底泥。异狄氏剂和异狄氏醛在水中归宿的资料很少报道，按它们的分配系数推断，可能会被生物积累，对这些化合物宜监测水、底泥和生物群。七氯环氧化物能稳定地残留在水溶液中，也可以沉积于底泥中，并能被生物积累，应在水环境的各部分进行监测。异佛尔酮是水溶性的，要采水样监测。六氯环己烷的同分异构体按其理化特性，应在水和底泥中取样监测。

3）多氯联苯（PCBs）类

水环境中 PCBs 易被吸附在底泥和颗粒物上，它们在水中的溶解度很小。

PCBs 的生物积累性很强，监测 PCBs 的最优对象为底泥及生物群。2-氯萘与 PCBs 相似，从萘的数据和其化学性质看，2-氯萘有可能积累在底泥和生物群中，在对应的环境部分采样为佳。

4）卤代脂肪烃类

优控污染物清单中有 27 种卤代脂肪烃，除二氯溴甲烷、氯二溴甲烷、三溴甲烷、六氯环戊二烯和六氯丁二烯外，其他化合物由于蒸气压高，会很快地从水中消失。高挥发性化合物最优监测对象是水。六氯环戊二烯和六氯丁二烯在底泥中为长效剂，能被生物积累，以相应的样品为优先监测对象。二氯溴甲烷、氯二溴甲烷和三溴甲烷在水环境的最终归宿尚不清楚，在缺少资料的情况下，监测这些化合物浓度的最佳办法是从水和底泥开始。

5）醚类

优控污染物清单中有 7 种醚类化合物，它们在水中的归宿不同。其中，双-(氯甲基)醚、双-(2-氯乙基)醚、双-(2-氯异丙基)醚、2-氯乙基-乙烯基醚、双-(2-氯乙氧基)甲烷只存在水中，辛醇/水分配系数也较低，它们潜在的生物积累和在底泥上的吸附能力都低，优先监测对象为水。4-氯苯-苯基醚、4-溴苯-苯基醚的辛醇水分配比高，在底泥和生物群中监测。

6）单环芳香族化合物

优控污染物清单中有 12 种单环芳香族化合物。氯苯、1,2-二氯苯、1,3-二氯苯、1,4-二氯苯、1,2,4-三氯苯和六氯苯可被生物积累。监测这 12 种芳香化合物的优先对象为底泥，对能被生物积累的六种化合物应同时监测生物群。

7）苯酚和甲酚类

优控污染物清单中有 11 种苯酚和甲酚。苯酚、2-氯苯酚和 2,4-二氯苯酚能残留于水中，其他 8 种均存在于底泥中。五氯苯酚和 2,4-二甲基酚易被生物积累，这两种化合物的监测考虑生物群取样。

8）亚硝胺和其他化合物

优控污染物清单中有 3 种亚硝胺和 4 种其他化合物。这 7 种化合物中的二-甲基亚硝胺和二-正丙基亚硝胺可能是水中的长效剂，其他 5 种化合物主要残留在底泥中。二-苯基亚硝胺、3,3-二氯联苯胺和 1,2-二苯肼可被生物积累。丙烯腈被生物积累的可能性不大，但可长久存在于底泥和水中。监测这些化合物需在相对应的环境部分采样。

9）邻苯二甲酸酯类

6 种邻苯二甲酸酯类都有高的分配系数，它们可以积累于底泥和生物群中，监测这些化合物从底泥和生物群开始。

10）多环芳烃类（PAHs）

优控污染物清单中 16 种多环芳烃在水中的溶解度很小，多积累在底泥中，并很快被各种生物所吸收和代谢,建议在底泥和生物群中进行监测。

美国水环境 129 种优控污染物清单见表 5-4。

表 5-4　美国水环境 129 种优控污染物清单

类别	种类
重金属与无机物(15 个)	锑、砷、铍、镉、铬、铜、铅、汞、镍、银、硒、铊、锌、石棉、氰化物类
农药类(20 个)	丙烯醛、艾氏剂、氯丹、4,4-DDT、4,4-DDE、4,4-DDD、狄氏剂、硫丹和硫酸硫丹、异狄氏剂和异狄氏醛、七氯、七氯环己烷(六六六-α,β,δ 同分异构体)、γ-六氯环己烷(林丹)、异氟尔酮、六氯二苯并二噁英、毒杀芬
多氯联苯类(8 个)	PCB-1242、PCB-1254、PCB-1221、PCB-1232、PCB-1248、PCB-1260、PCB-1016、2-氯萘
卤代脂肪烃类(27 个)	氯甲烷、二氯甲烷、三氯甲烷、四氯甲烷、氯乙烷、1,1-二氯乙烷、1,2-二氯乙烷、1,1,1-三氯乙烷、1,1,2-三氯乙烷、1,1,2,2-四氯乙烷、六氯乙烷、氯乙烯、1,1-二氯乙烯、1,2-反-二氯乙烯、三氯乙烯、四氯乙烯、1,2-二氯丙烷、1,3-二氯丙烯、六氯丁二烯、六氯环戊二烯、溴甲烷、二氯溴甲烷、氯二溴甲烷、三溴甲烷、二氟二氯甲烷、氟三氯甲烷、氯溴甲烷
醚类(7 个)	双-(氯甲烷)醚、双-(2-氯乙基)醚、双-(2-氯异丙基)醚、2-氯乙基-乙烯基醚、4-氯苯基苯基醚、4-溴苯基-苯基醚、双-(2-氯乙氧基)甲烷
单环芳香族化合物(12 个)	乙苯、苯、甲苯、氯苯、1,2,4-三氯苯、六氯苯、1,2-二氯苯、1,3-二氯苯、1,4-二氯苯、2,4-二硝基甲苯、2,6-二硝基甲苯、硝基苯
苯酚与甲酚类(11 个)	苯酚、2-氯苯酚、2,4-二氯苯酚、五氯苯酚、2-硝基苯酚、4-硝基苯酚、2,4-二硝基苯酚、2,4-二甲基苯酚、对氯间苯酚、4,6-二硝基邻甲酚、2,4,6-三氯苯酚
亚硝胺与其他化合物(7 个)	二甲基亚硝胺、二苯基亚硝胺、二正丙基亚硝胺、联苯胺、3,3-二氯联苯胺、1,2-二苯基肼、丙烯腈
邻苯二甲酸酯类(6 个)	邻苯二甲酸(2-乙基己基)酯、邻苯二甲酸丁基苄酯、邻苯二甲酸二正丁酯、邻苯二甲酸二正辛酯、邻苯二甲酸二乙酯、邻苯二甲酸二甲酯
多环芳烃类(16 个)	苯并[a]蒽、苯并[a]芘、3,4-苯并荧蒽、苯并[k]荧蒽、苗、苊、蒽、苯并[g,h,i]芘、芴、菲、二苯并[a,b]蒽、茚并[1,2,3-cd]芘、芘、荧蒽、二氢苊、萘

5.2.7　筛选指标权重计算

筛选指标的赋分与权重需能够反映污染物对水体环境及人体健康的影响程度,利用层次分析法对筛选指标权重采用层次分析法进行优化。

层次分析法(AHP 法)通过构建关系矩阵将主观决策过程分为上下几个层次,是实现定性分析转向定性与定量分析相结合的评价方法。比较分析每一层的相关元素,按层次之间的隶属关系建立递阶层次模型,本书层次基本法应用 yaahp 软件进行计算。

(1) 构造判断矩阵

利用递阶层次模型确定层次之间的隶属关系,构造判断矩阵,分别对每一层各要素相对于上一层的重要程度进行两两比较。在咨询有关专家意见的基础上,运用九级标度评分法划定其相对重要性或优劣程度，得到判断矩阵 A，见式（5-1）。

$$A = \begin{bmatrix} a_{11} & \cdots & a_{1n} \\ a_{21} & \cdots & a_{2n} \\ \vdots & \ddots & \vdots \\ a_{m1} & \cdots & a_{mn} \end{bmatrix} \quad (5\text{-}1)$$

式中　a_{mn}——要素。

　　判断矩阵满足式（5-2）。

$$a_{ij} = \begin{cases} 1/a_{ij} & i \neq j \\ 1 & i = j \end{cases} \quad i, j = 1, 2, \cdots, n \quad (5\text{-}2)$$

式中　a_{ij}——要素 a_i 相对 a_j 重要程度的数值，即重要性的标度。

　　当 $a = 1$，3，5，7，9 时，分别表示 a_i 和 a_j 同等重要、a_i 比 a_j 稍微重要、a_i 比 a_j 明显重要、a_i 比 a_j 非常重要、a_i 比 a_j 极其重要。$a = 2$，4，6，8 时，分别表示以上相邻判断的中间状态对应的标度值。筛选指标权重矩阵如图 5-1 所示。

决策目标	改进潜在	持久性	累积性	迁移性	"三致"性	中国优控	美国优控
改进潜在危害指数总分		5	5	5	5	8	9
持久性			1	5	1/4	8	9
累积性				5	2	7	9
迁移性					1/4	5	8
"三致"性						7	9
中国优控							7
美国优控							

图 5-1　筛选指标权重矩阵

（2）和积法计算判断矩阵 A 的最大特征值与特征向量

　　① 将判断矩阵按列进行标准化，见式（5-3）。

$$\overline{a_{ij}} = a_{ij} / \sum_{k=1}^{a} a_{kj} \quad i, j = 1, 2, \cdots, n \quad (5\text{-}3)$$

式中　$\overline{a_{ij}}$——标准化列向量；

$\sum_{k=1}^{a} a_{kj}$——列向量各元素之和。

　　② 计算每一列平均值，见式（5-4）。

$$W_i = \frac{1}{n} \sum_{j=1}^{n} \overline{a_{ij}} \quad i, j = 1, 2, \cdots, n \quad (5\text{-}4)$$

$$W_i = (W_1, W_2, \cdots, W_N)$$

式中　W_i——特征向量。

最大特征值 λ_{max} 通过式(5-5) 计算。

$$\lambda_{max} = \frac{1}{n}\sum_{j=1}^{n}\frac{(AW)_i}{W_i} \quad i=1,2,\cdots,n \tag{5-5}$$

式中　A——判断矩阵。

（3）层次单排序及其一致性检验

根据判断矩阵计算本层相关要素对上一层某要素权重的过程，称为层次单排序。利用一致性比率 CR 对判断矩阵进行一致性检验，若具有满意的一致性，则特征向量归一化后即可作为单排序的排序权重向量，反之则需要对判断矩阵的标度进行适当修正。

利用式(5-6)、式(5-7) 进行一致性检验。

$$CR = CI/RI \tag{5-6}$$
$$CI = (\lambda_{max}-n)/(n-1) \tag{5-7}$$

式中　CR——判断矩阵随机一致性比率；

　　　CI——一般性指标；

　　　RI——随机一致性指标；

　　　n——判断矩阵阶数；

　　λ_{max}——最大特征值。

平均随机一致性指标标准见表 5-5。

表 5-5　平均随机一致性指标标准

n 阶数	3	4	5	6	7	8	9	10
RI 值	0.58	0.90	1.12	1.24	1.32	1.41	1.45	1.49

一般认为 $CR<0.1$，判断矩阵具有满意的一致性。对构造的矩阵进行修正，筛选指标矩阵修正结果见图 5-2。

判断矩阵								
决策目标	改进潜在危…	持久性	累积性	迁移性	"三致"性	中国优控	美国优控	Wi
改进潜在危害…	1.0000	5.0000	3.0000 (5.0000)	5.0000	5.0000	8.0000	9.0000	0.4048
持久性	0.2000	1.0000	1.0000	3.0000 (5.0000)	0.5000 (0.2500)	8.0000	9.0000	0.1363
累积性	0.3333 (0.2000)	1.0000	1.0000	5.0000	2.0000	7.0000	9.0000	0.1879
迁移性	0.2000	0.3333 (0.2000)	0.2000	1.0000	0.2500	5.0000	8.0000	0.0698
"三致"性	0.2000	2.0000 (4.0000)	0.5000	4.0000	1.0000	7.0000	9.0000	0.1573
中国优控	0.1250	0.1250	0.1429	0.2000	0.1429	1.0000	3.0000 (7.0000)	0.0268
美国优控	0.1111	0.1111	0.1111	0.1250	0.1111	0.3333 (0.1429)	1.0000	0.0171

图 5-2　筛选指标矩阵修正结果

对层次总排序及其一致性进行检验。利用本层所有层次单排序的结果以及上层所有要素的权重，计算本层要素对总目标权重值的过程，称为层次总排序。层次总排序的随机一致性比率，见式(5-8)。

$$CR = \frac{\sum_{j=1}^{n} W_j CI_j}{\sum_{j=1}^{n} W_j RI_j} \quad j=1,2,\cdots,n \tag{5-8}$$

式中　W_j——j 层权重向量；

　　　CI_j——j 层一般性指标；

　　　RI_j——j 层随机一致性指标。

若 $CR < 0.1$，表示各层具有比较满意的一致性。

经计算，得到 7 个筛选指标权重结果。改进潜在危害指数总分权重为 0.4048，持久性权重为 0.1363，累积性权重为 0.1879，迁移性权重为 0.0698，"三致"性权重为 0.1573，中国优控污染物权重为 0.0268，美国优控污染物权重为 0.0171。污染物筛选指标赋分及权重见表 5-6。

表 5-6　污染物筛选指标赋分及权重

编号	指标		赋分值	权重
A'	改进潜在危害指数总分	改进潜在危害指数	1～5	0.4048
		检出浓度	1～5	
		检出率	1～5	
B'	持久性		6	0.1363
C	累积性		6	0.1879
D	迁移性		6	0.0698
E	"三致"性		6	0.1573
F	是否中国优控污染物		6	0.0268
G	是否美国优控污染物		6	0.0171

5.2.8　筛选指标赋分计算

（1）改进潜在危害指数总分（A'）赋分计算

改进潜在危害指数总分值计算所需参数包括改进潜在危害指数、污染物检出浓度与检出率，将这 3 个因素获得分数进行加和，改进潜在危害指数总分计算见式(5-9)。

$$R = 3N' + C_W + F_W \tag{5-9}$$

式中　R——总分值；

　　　N'——潜在危害指数赋分；

C_W——水体的浓度分值；

F_W——水体的检出率分值。

潜在危害指数赋分根据控制单元潜在危害指数计算结果，采用几何分级法，将污染物潜在危害指数最大值与最小值平均分成 5 等份，最大值与最小值之差除 5，结果作为等比常数。分级计算见式(5-10)。

$$a_n = a_1 q^n \tag{5-10}$$

式中　a_n——污染物潜在危害指数最大值，$n = 5$；

　　　a_1——污染物潜在危害指数最小值；

　　　q——等比常数。

污染物潜在危害指数等级赋分见表 5-7。

表 5-7　污染物潜在危害指数等级赋分

分级	潜在危害指数	赋分
1 级	$0 \sim a_1 q^1$	1
2 级	$a_1 q^1 \sim a_1 q^2$	2
3 级	$a_1 q^2 \sim a_1 q^3$	3
4 级	$a_1 q^3 \sim a_1 q^4$	4
5 级	$a_1 q^4 \sim a_1 q^5$	5

改进潜在危害指数总分计算所需改进潜在危害指数（N）计算见式(5-11)。

$$N = 2aa'A + 4bB \tag{5-11}$$

式中　A——某化学物质 AMEG_{AH} 的对应值；

　　　B——"三致"化学物质 AMEG_{AC} 的对应值；

a、a'、b——常数。

以小白鼠经口给毒的 LD_{50} 为依据，通过 LD_{50} 估算化学物质的 AMEG_{AH} 值。AMEG_{AH} 值计算见式(5-12)。

$$\text{AMEG}_{AH} = 0.107\text{LD}_{50} \tag{5-12}$$

式中　AMEG_{AH}——毒性物质车间空气的允许（最高）浓度，$\mu g/m^3$；

　　　LD_{50}——小白鼠经口给毒的半数致死剂量，mg/kg。

根据致癌物质或可疑致癌物质的阈限值估算"三致"物质的 AMEG_{AC} 值。致癌物质或可疑致癌物质的阈限值是美国政府工业卫生师协议（ACGIH）指定的车间空气容许浓度，即每周工作 5d，每天工作 8h 的条件下，成年工人可以耐受的化学物质在空气中的时间加权平均浓度。AMEG_{AC} 值计算见式(5-13)。

$$\text{AMEG}_{AC} = C/420 \times 10^3 \tag{5-13}$$

式中 AMEG$_{AC}$——"三致"物质或"三致"可疑物在车间空气的允许（最高）浓
度，μg/m^3；

C——致癌物质或可疑致癌物质的阈限值，mg/m^3。

根据 AMEG$_{AH}$ 值和 AMEG$_{AC}$ 值确定的潜在危害指数 A、B 值赋分结果见
表 5-8。

表 5-8 潜在危害指数 A、B 值赋分结果

分级	一般化学物质的 AMEG$_{AH}$ /(μg/m^3)	A 值	潜在"三致"物质的 AMEG$_{AC}$ /(μg/m^3)	B 值
1 级	>200	1	>20	1
2 级	<200	2	<20	2
3 级	<40	3	<2	3
4 级	<2	4	<0.2	4
5 级	<0.02	5	<0.02	5

改进潜在危害指数计算所需常数 a，a'，b 确定原则为：可以找到 B 值时，
$a=1$；无 B 值时，$a=2$；某化学物质有蓄积或慢性毒性时，$a'=1.25$；仅有急性
毒性时，$a'=1$；可以找到 A 值时，$b=1$；找不到 A 值时，$b=1.5$。

对改进潜在危害指数总分计算所需检出浓度（C_W）赋分。根据控制单元污染
平均检出浓度，采用几何分级法。赋予 1～5 共 5 个区间，对检出浓度最大值与最
小值跨度平均分为 5 份。最大值与最小值之差除 5 结果作为等比常数，对污染物潜
在危害指数进行分级。分级计算见式(5-14)。

$$a_n = a_1 q^n \tag{5-14}$$

式中 a_n——平均检出浓度最大值；$n=5$；

a_1——平均检出浓度最小值；

q——等比常数。

检出浓度等级赋分见表 5-9。

表 5-9 检出浓度等级赋分

分级	平均检出浓度	赋分
1 级	$0 \sim a_1 q^1$	1
2 级	$a_1 q^1 \sim a_1 q^2$	2
3 级	$a_1 q^2 \sim a_1 q^3$	3
4 级	$a_1 q^3 \sim a_1 q^4$	4
5 级	$a_1 q^4 \sim a_1 q^5$	5

对改进潜在危害指数总分计算所需检出率（F_W）赋分。根据污染物实测检出

浓度，将检出率 0～100％平均划分为 5 个等级，对于这 5 级分别赋予 1～5 分值，用以代表污染物在水中的暴露等级，检出率等级赋分见表 5-10。

表 5-10 检出率等级赋分

分级	检出率/％	赋分
1 级	0～20	1
2 级	20～40	2
3 级	40～60	3
4 级	60～80	4
5 级	80～100	5

（2）持久性（B'）赋分计算

有机物持久性以污染物水环境半衰期进行判断，参考国家质量监督检验检疫总局颁布的《持久性、生物累积性和毒性及高持久性和高生物累积性物质的判定方法》（GB/T 24782—2009）对污染物持久性、累积性进行判别，我国 PBT 类化合物持久性、累积性判别标准见表 5-11。标准中规定，在海水中污染物半衰期大于 60d、淡水/河水中污染物半衰期大于 40d 的为持久性污染物。因控制单元流域为河流，以淡水/河水评价标准作为污染物持久性判断依据。当污染物在水环境中半衰期大于 40d，判定污染物为持久性污染物，赋予分值 6 分；反之，不属于持久性污染物，赋予分值 0 分。

表 5-11 我国 PBT 类化合物持久性、累积性判别标准

污染物特性	海水/河水 PBT 判别标准
持久性	海水中 $t_{1/2}>60d$ 淡水/河水中 $t_{1/2}>40d$
累积性	海水/淡水 BCF>2000

（3）累积性（C）赋分计算

污染物累积性以 BCF 值作为判别标准，当污染物 BCF 值大于 2000 时，判定污染物为累积性污染物，赋予分值 6 分；反之，不属于累积性污染物，赋予分值 0 分。

（4）迁移性（D）赋分计算

有机化合物在土壤/沉积物中的吸附能力，以土壤/沉积物中有机质对疏水性有机物吸附的作用常数有机碳分配系数 K_{oc} 表示，确定 K_{oc} 值为污染物迁移性判断依据。化合物 K_{oc} 值与其在土壤移动的关系见表 5-12。

表 5-12　化合物 K_{oc} 值与其在土壤移动的关系

K_{oc}	移动性
0～50	很强
50～150	强
150～500	中等
500～2000	弱
2000～5000	很弱
＞5000	不移动

根据化合物 K_{oc} 值与其在土壤移动关系可以看出，当 K_{oc} 值小于 150 时，化合物在土壤中迁移能力强。故当污染物 K_{oc} 值小于 150 时，即 $LogK_{oc}$ 值小于 2.18 时，判定污染物为迁移性污染物，赋予分值 6 分；反之，不属于迁移性污染物，赋予分值 0 分。

（5）"三致"性（E）赋分计算

"三致"性以受试动物"三致"性测试结果呈阳性判断。污染物"三致"性赋分结果见表 5-13。

表 5-13　污染物"三致"性赋分结果

分级	判别标准	赋分
1级	具有致癌性、致畸性、致突变性其中 1 种性质	2
2级	具有致癌性、致畸性、致突变性其中 2 种性质	4
3级	具有致癌性、致畸性、致突变性	6

（6）是否中国优控污染物（F）赋分计算

根据原国家环境保护总局提出的中国水环境 68 种优先控制污染物清单确定。属于中国水环境优控污染物赋予 6 分，反之赋予 0 分。

（7）是否美国优控污染物（G）赋分计算

根据美国水环境 129 种水污染物清单确定。属于美国水环境优控污染物赋予 6 分，反之赋予 0 分。

5.2.9　污染物综合得分计算

污染物筛选指标综合得分（Z）计算见式(5-15)。

$$Z=0.4048A'+0.1363B'+0.1879C+0.0698D+0.1573E+0.0268F+0.0171G$$

$$(5-15)$$

式中　A'、B'、C、D、E、F、G——各筛选指标计算得分。

　　将控制单元内污染物综合得分结果由大到小进行排序，前30%的污染物列为控制单元优控污染物。

5.2.10 筛选指标主要参数获取

　　控制单元优控污染物筛选指标计算过程中，需要大量的毒理学数据支撑。但是，在化学品毒理学数据库中，超过70%的化学品缺乏必要的环境安全性数据，导致缺少污染物筛选指标等级划分的毒理性数据支撑。数据获取一方面受限于方法灵敏度的限制，难以测试获得关于分子毒理的相关信息；另一方面，生物测试难以穷尽所有污染物的所有评价终点，导致有机物毒理性试验难以实现数据补充。为解决筛选计算过程中出现的数据难以获取、毒理学数据库数据单一问题，应用以 QSAR 毒理学计算模型为基础的计算毒理学软件完成筛选过程所需数据的输出与预测。

　　本研究选取计算毒理学软件对改进潜在危害指数总分、持久性、累积性、迁移性、"三致"性 5 个筛选指标所需参数输出预测及计算。应用 TEST 软件计算改进潜在危害指数总分所需参数 LD_{50}、"三致"性中致畸性、致突变性；应用 EPI Suite 软件计算持久性所需参数 $t_{1/2}$，累积性所需参数 BCF，迁移性所需数据 $LogK_{oc}$。应用 Lazar 软件计算污染物 "三致"性中致癌性及重金属致突变性。

　　(1) LD_{50}、致畸性、致突变性数据计算

　　污染物筛选指标中改进潜在危害指数总分计算所需参数 LD_{50} 及污染物 "三致"性中致畸性、致突变性数据选择 TEST 计算毒理学软件计算。

　　TEST 软件由 EPA 开发，不需要通过额外的软件包来获取分子描述符，而是从自身软件内部获取，通过分析已知的 QSAR 模型或文献得到化合物毒性使用户能够通过分子结构进行毒性评估。目前，该软件采用的 QSAR 方法有层析法、FDA 法、单一模型法、最邻近法、集成法等，实现 7 个毒性终点及 7 个理化终点的计算。如：96h 呆头黑鱼 50%致死浓度（LC_{50}）、48h 大型蚤 50%效应浓度（LC_{50}）、小白鼠口服 50%致死剂量（LD_{50}）、沸点（℃）、密度（g/cm^3）、水溶解度（mg/L）等。

　　TEST 软件可以采用有机污染物结构绘制及美国化学会的下设组织化学文摘社化学品登记 CAS 号两种输入方式。输入污染物 Smile 结构，点击计算按钮，软件经计算得出污染物 LD_{50}、致畸性、致突变性数据。当污染物存在实验数据，软件显示实验数据与预测数据，实验数据来自 Chemidplus、CAESAR、Toxicity Benchmark 毒理学数据库，污染物实验数据缺失时，软件实验数据显示 N/A，提供预测数据。

　　(2) $t_{1/2}$、BCF、$LogK_{oc}$ 数据计算

　　污染物筛选指标中持久性、累积性、迁移性判断依据 $t_{1/2}$、BCF、$LogK_{oc}$ 数

据选用 EPI Suite 软件进行计算。EPI Suite 是由美国 EPA 与美国 SRC 公司（Syracuse Research Corporation）联合开发的，整合了 14 个 QSAR 模型，使得预测理化性质与生态毒性在一个更加便利的界面上进行。这些模型包括 Denn Win［用于估计皮肤渗透系数（K_p）］、K_{ow} Win（用于预测 $\mathrm{Log}K_{ow}$）、Aop Win（用于预测气体反应速率）、WsK_{ow}（用于估算水溶性和 $\mathrm{Log}K_{ow}$）、Henry Win（用于预测亨利定律常数）、Hydro（用于估算特定有机物类别的水解速率常数）、MPBPVP（用于预测熔点、沸点、蒸气压）、ECOSAR（用于估算生物毒性）、BCF Win（用于估算生物浓缩系数）。EPI Suite 还引入了 Mackay 开发的Ⅲ级逸度模型来预测物质在不同环境介质中的分配。这些数据对于辨别化学物质是否会在环境中持久存在或在生物体内富集都是非常重要的。

EPI Suite 软件有机污染物输入方式可以采用污染物 Smile 结构以及污染物名称两种方式。常选用污染物 Smile 结构输入方式。

污染物筛选指标持久性判定依据为污染物半衰期。污染物半衰期计算应用软件 Biowin 3 数据输出模式，Biowin 3 模式是 EPA 研发的 EPI suite 软件中预测污染物在水环境中最终生物降解的时间的模块，根据污染物 Biowin 3 值与半衰期之间的相关性线性关系，计算污染物在水环境中的半衰期，计算见式(5-16)。

$$\mathrm{log}t_{1/2}=-0.8s+3.51 \tag{5-16}$$

式中　$t_{1/2}$——半衰期；

　　　s——EPI 中的 Biowin 3 预测数值。

污染物筛选指标累积性判定依据 BCF 数值、迁移性判定依据 $\mathrm{Log}K_{oc}$ 数值应用软件中对应的 BCF、$\mathrm{Log}K_{oc}$ 模块。

（3）致癌性与重金属致突变性数据计算

筛选指标"三致"性中污染物致癌性与金属离子致突变性数据应用 Lazar 软件进行计算。Lazar（lazy structure-activity relationships）计算毒理学软件可对输入污染物的急性毒性、血脑屏障穿透、最低的观察不良反应水平、致癌性、致突变性等毒理学数据进行预测。预测的基本原理、适用性领域和验证结果在一个清晰的图形界面中呈现。软件输入方式支持污染物 Smile 结构输入。

Lazar 软件的应用，填补了 TEST 软件对污染物"三致"性中致癌性预测的空白。Lazar 软件不仅能实现对有机污染物进行预测，同样可以实现重金属离子毒性数据预测。

5.3　小结

本章确定污染物筛选原则，将优控污染物筛选方法改进潜在危害指数法与综合评分法相结合，提出结合改进潜在危害指数法的综合评分法，确定改进潜在危害指数总分、持久性、累积性、迁移性、"三致"性、中国优控污染物、美国优控污染物 7 个筛选指标。应用 TEST、EPI Suite、Lazar 计算毒理学软件，对控制单元筛选指标赋分所需数据进行计算。

① 将改进潜在危害指数法与综合评分法相结合，提出以改进潜在危害指数总分、持久性、累积性、迁移性、"三致"性、是否中国优控污染物、是否美国优控污染物 7 个指标为筛选指标的结合改进潜在危害指数法的综合评分法。明确以半衰期、生物富集因子、土壤吸附系数为筛选指标持久性、累积性、迁移性判定依据。确定污染物在水环境中半衰期超过 40d 为持久性污染物，污染物生物富集因子超过 2000 为累积性污染物，污染物土壤吸附系数小于 2.18 为迁移性污染物。优化结合改进潜在危害指数法的综合评分法中筛选指标赋分及权重。筛选指标改进潜在危害指数总分中改进潜在危害指数、检出浓度、检出率赋分为 1~5 分，权重为 0.4048。筛选指标持久性、累积性、迁移性、"三致"性、中国优控污染物，美国优控污染物赋分为 6 分，权重分别为 0.1363、0.1879、0.0698、0.1573、0.0268、0.0171。将污染物筛选指标赋分加和，前 30% 的污染物作为优控污染物。

② 将优控污染物筛选与计算毒理学软件相融合，应用 TEST、EPI Suite、Lazar 计算毒理学软件对筛选指标中改进潜在危害指数总分、持久性、累积性、迁移性、"三致"性 5 个筛选指标数据进行计算。TEST 计算毒理学软件计算筛选指标改进潜在危害指数总分中 LD_{50}、"三致"性中致畸性、致突变性数据。EPI Suite 计算毒理学软件计算筛选指标持久性判定依据半衰期（$t_{1/2}$）、累积性判定依据生物富集因子（BCF）、迁移性判定依据土壤吸附系数（K_{oc}）。Lazar 计算毒理学软件对污染物筛选指标致癌性数据及重金属致突变数据进行计算。

第6章
辽河流域典型控制单元优控污染物筛选

6.1 典型点面结合控制单元优控污染筛选

6.1.1 浑河 YJF 控制单元

（1）污染物初步筛选

浑河 YJF 控制单元位于沈阳市南部，控制单元内主要水体包括浑河干流及细河支流，接收沈阳经济技术开发区内医药制造业、化学原料及化学制品制造业和交通运输设备制造业的工业废水，其中医药制造业所排放的工业废水占较大比例，沿线分布大型污水处理厂，全市近 50％污水通过细河沿线污水处理厂处理后排放。控制单元流域中游为沈阳市城镇乡村，占地面积大，人口生活密度低，覆盖农业用地与林业用地，污染类型单一，以常规污染物与农药为主，故控制单元呈现典型点面结合污染特征。

对控制单元内点源污染企业进行调研，识别点源污染企业有制药行业 1 家、化工行业 12 家、食品行业 3 家、石化行业 1 家、污水处理厂 3 家。这些企业排放特征污染物种类有单环芳香烃类、杂环类、酞酸酯类等，均具有高风险、难以检测的特点。浑河 YJF 控制单元重点排污企业特征污染物见表 6-1。

表 6-1　浑河 YJF 控制单元重点排污企业特征污染物

行业类别	特征污染物
制药行业	单环芳香烃类、杂环类、邻苯二甲酸酯类、苯酚类、醛酮醚类、羧酸类、胺类
化工行业	石油烃类、环烷烃、硫化物、氟化物、氰化物、有机氯、苯系物、邻苯二甲酸酯、苯胺类、苯酚类、多环芳烃

行业类别	特征污染物
食品行业	COD、氨氮、总磷
石化行业	重金属、石油类、多环芳烃
污水处理厂	COD、氨氮、总磷、石油烃类、环烷烃、硫化物、氟化物、氰化物、有机氯、苯系物、邻苯二甲酸酯、苯胺类、苯酚类、多环芳烃

检索细河流域典型特征污染物数据库，结合细河流域有机污染物污染研究历程，确定苯酚类物质 7 种、酯与邻苯二甲酸酯类 5 种、硝基苯类 5 种、苯胺类 1 种、多环芳烃类 1 种为点源初筛污染物。对细河流域农药类优控污染物进行检索，确定农药类 2 种为面源初筛污染物，确定点源面源共 21 种污染物为浑河 YJF 控制单元优控污染物初筛清单见表 6-2。

表 6-2　浑河 YJF 控制单元优控污染物初筛清单

序号	污染物名称	序号	污染物名称	序号	污染物名称
1	苯酚	8	苯并[a]芘	15	硝基苯
2	对甲基苯酚	9	邻苯二甲酸二乙酯	16	六六六
3	2,4-二叔丁苯酚	10	邻苯二甲酸二正辛酯	17	阿特拉津
4	2,4,6-三甲基苯酚	11	邻苯二甲酸二甲酯	18	2-硝基甲苯
5	2,3-二甲基苯酚	12	邻苯二甲酸二异丁酯	19	3-硝基甲苯
6	2,4-二甲基苯酚	13	邻苯二甲酸二正丁酯	20	4-硝基甲苯
7	3,5-二甲基苯酚	14	3-氯苯胺	21	2,6-二硝基甲苯

（2）初筛污染物定量分析

为确定浑河 YJF 控制单元内初筛清单中污染物实际暴露情况，选择控制单元流域 3 个点位，在枯水期 11 月份、平水期 4 月份、丰水期 8 月份对控制单元 21 种初筛污染物定量检测。依据检测结果确定筛选指标改进潜在危害指数总分中污染物检出浓度、检出率赋值。综合考虑浑河 YJF 控制单元内水体浑河干流、细河支流等，在控制单元细河支流中游、细河与浑河汇入处、控制单元下游国控 YJF 断面布设 3 个采样点。

初筛污染物中苯并[a]芘、硝基苯、2-硝基甲苯 3 种物质被检出，平均检出浓度排序为 2-硝基甲苯＞硝基苯＞苯并[a]芘（$9.3 \times 10^{-1} \mu g/L > 6.8 \times 10^{-1} \mu g/L > 1.3 \times 10^{-3} \mu g/L$）。YJF 控制单元中有机污染物污染以硝基苯类污染物污染为主要趋势，对硝基苯类物质溯源及治理为控制单元未来有机污染物治理的主要目标。

（3）优控污染物筛选

1）改进潜在危害指数总分计算

筛选指标改进潜在危害指数总分（A'）由改进潜在危害指数赋分、检出浓度赋分、检出率赋分 3 部分组成。依据 TEST 软件计算污染物 LD_{50} 数值，浑河 YJF 控制单元初筛污染物软件输入支持数据见表 6-3。

表 6-3　浑河 YJF 控制单元初筛污染物软件输入支持数据

污染物	CAS 登记号	Smile 结构
苯酚	108-95-2	Oc(cccc1)c1
对甲基苯酚	106-44-5	Oc(ccc(c1)C)c1
2,4-二叔丁基苯酚	96-76-4	Oc(c(cc(/c1)C(C)(C)C)C(C)(C)C)c1
2,4,6-三甲基苯酚	527-60-6	Oc(c(cc(c1)C)C)c1C
2,3-二甲基苯酚	526-75-0	Oc(c(c(cc1)C)C)c1
2,4-二甲基苯酚	105-67-9	Oc(c(cc(c1)C)C)c1
3,5-二甲基苯酚	108-68-9	Oc(cc(cc1C)C)c1
苯并[a]芘	50-32-8	c(c(c(c(cc1)ccc2)c2cc3)(c3cc(c4ccc5)c5)c14
邻苯二甲酸二乙酯	84-66-2	O=C(OCC)c(c(ccc1)C(=O)OCC)c1
邻苯二甲酸二正辛酯	117-84-0	O=C(OCCCCCCCC)c(c(ccc1)C(=O)OCCCCCCCC)c1
邻苯二甲酸二甲酯	131-11-3	O=C(OC)c(c(ccc1)C(=O)OC)c1
邻苯二甲酸二异丁酯	84-69-5	O=C(OCC(C)C)c(c(ccc1)C(=O)OCC(C)C)c1
邻苯二甲酸二丁酯	84-74-2	O=C(OCCCC)c(c(ccc1)C(=O)OCCCC)c1
3-氯苯胺	108-42-9	Nc(cccc1Cl)c1
硝基苯	98-95-3	N(=O)(=O)c(cccc1)c1
六六六	118-74-1	c(c(c(c(c1Cl)Cl)Cl)Cl)(c1Cl)Cl
阿特拉津	1912-24-9	n(c(nc(n1)NC(C)C)NCC)c1Cl
2-硝基甲苯	88-72-2	N(=O)(=O)c(c(ccc1)C)c1
3-硝基甲苯	99-08-1	N(=O)(=O)c(cccc1C)c1
4-硝基甲苯	99-99-0	N(=O)(=O)c(ccc(c1)C)c1
2,6-二硝基甲苯	606-20-2	N(=O)(=O)c(c(c(N(=O)(=O))cc1)C)c1

计算浑河 YJF 控制单元 21 种初筛污染物改进潜在危害指数范围在 27.5（苯并[a]芘）~8（2-硝基甲苯）。利用改进潜在危害指数几何分级计算方法，在 27.5~8 范围内取 5 等份，赋予改进潜在危害指数 1~5 不同分值，赋分结果为 N'。

由 YJF 控制单元初筛污染物检测结果，得控制单元初筛污染物最高浓度为 $9.3×10^{-1}\mu g/L$（2-硝基甲苯），最低浓度为 $1.30×10^{-3}\mu g/L$（苯并[a]芘），利用污染物检出浓度几何分级计算方法，在检出浓度范围 $9.3×10^{-1}$~$1.30×10^{-3}$ 之间取 5 等份，赋予检出浓度 1~5 不同分值，赋分结果为 C_W，检出率同理，浑河

YJF 控制单元初筛污染物 N'、C_w、F_w 等级赋分结果见表 6-4。

表 6-4　浑河 YJF 控制单元初筛污染物 N'、C_w、F_w 等级赋分结果

改进潜在危害指数 N	污染物浓度/(μg/L)	检出率/%	N'、C_w、F_w 赋分结果
27.5～23.6	$9.3 \times 10^{-1} \sim 7.4 \times 10^{-1}$	100～80	5
23.6～19.7	$7.4 \times 10^{-1} \sim 5.6 \times 10^{-1}$	80～60	4
19.7～15.8	$5.6 \times 10^{-1} \sim 3.7 \times 10^{-1}$	60～40	3
15.8～11.9	$3.7 \times 10^{-1} \sim 1.9 \times 10^{-2}$	40～20	2
11.9～8.0	$1.9 \times 10^{-2} \sim 1.3 \times 10^{-3}$	20～0	1

根据赋分方法和评分标准，对初筛选污染物的改进潜在危害指数（N）、检出浓、检出率度指标量化处理，得到 N'、C_w、F_w 赋分结果，加和计算改进潜在危害指数总分 R，即为筛选指标 A' 值。浑河 YJF 控制单元初筛污染物改进潜在危害指数总分 R 计算结果如表 6-5 所示。

表 6-5　浑河 YJF 控制单元初筛污染物改进潜在危害指数总分 R 计算结果

污染物名称	N	N'	C_w	F_w	R
苯酚	10	1	0	0	3
对甲基苯酚	10	1	0	0	3
2,4-二叔丁基苯酚	12	2	0	0	6
2,4,6-三甲基苯酚	16	3	0	0	9
2,3-二甲基苯酚	15	2	0	0	6
2,4-二甲基苯酚	15	2	0	0	6
3,5-二甲基苯酚	15	2	0	0	6
苯并[a]芘	27.5	5	1	1	17
邻苯二甲酸二乙酯	15	2	0	0	6
邻苯二甲酸二正辛酯	15	2	0	0	6
邻苯二甲酸二甲酯	15	2	0	0	6
邻苯二甲酸二异丁酯	15	2	0	0	6
邻苯二甲酸二丁酯	15	2	0	0	6
3-氯苯胺	14	2	0	0	6
硝基苯	12	2	5	5	16
六六六	17	3	0	0	9
阿特拉津	13	2	0	0	6
2-硝基甲苯	8	1	4	5	12
3-硝基甲苯	8	1	0	0	3
4-硝基甲苯	8	1	0	0	3
2,6-二硝基甲苯	15	2	0	0	6

2）污染物理化性、"三致"性筛选指标赋分计算

① 污染物理化性质赋分计算

污染物理化性质对应筛选指标持久性（B'）、累积性（C）、迁移性（D）3 项

指标。应用 EPI Suite 软件对控制单元优控污染物初筛清单中 21 种污染物持久性、累积性、迁移性参数 $t_{1/2}$、BCF、$LogK_{oc}$ 进行计算，将计算结果与指标临界值比较，确定选因子持久性（B'）、累积性（C）、迁移性（D）赋分，浑河 YJF 控制单元初筛污染物生殖毒性、致突变性软件输出数据见表 6-6。

表 6-6　浑河 YJF 控制单元初筛污染物生殖毒性、致突变性软件输出数据

污染物名称	生殖毒性数据输出	致突变系数输出	污染物名称	生殖毒性数据输出	致突变系数输出
苯酚	0.31	0	对甲基苯酚	0.2	0
2,4-二叔丁基苯酚	0.79	0.03	2,4,6-三甲基苯酚	0.45	0.84
2,3-二甲基苯酚	0.77	0	2,4-二甲基苯酚	0.2	1
3,5-二甲基苯酚	0.67	0	苯并[a]芘	0.37	1.09
邻苯二甲酸二乙酯	0.77	0	邻苯二甲酸二正辛酯	0.63	0
邻苯二甲酸二甲酯	0.64	0	邻苯二甲酸二异丁酯	0.59	0
邻苯二甲酸二丁酯	0.49	0	3-氯苯胺	0.65	0
硝基苯	0.41	0	六六六	0.15	0
阿特拉津	0.58	0	2-硝基甲苯	0.23	0
3-硝基甲苯	0.13	0	4-硝基甲苯	0.27	0
2,6-二硝基甲苯	0.45	1			

浑河 YJF 控制单元初筛污染物 $t_{1/2}$、BCF、$LogK_{oc}$ 计算结果见图 6-1，图中污染物序号对应表 6-2。

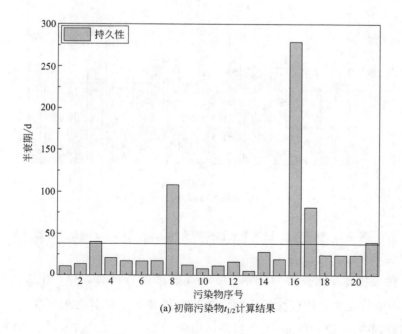

(a) 初筛污染物 $t_{1/2}$ 计算结果

图 6-1

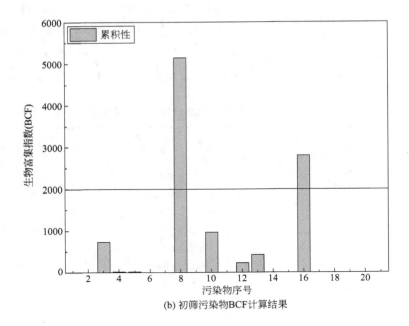

(b) 初筛污染物BCF计算结果

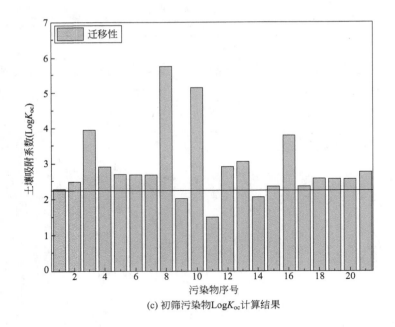

(c) 初筛污染物LogK_{oc}计算结果

图 6-1　浑河 YJF 控制单元初筛污染物 $t_{1/2}$、BCF、LogK_{oc} 计算结果

　　污染物 $t_{1/2}$ 由软件输出的 Biowin3 数值进行计算，$t_{1/2}$ 计算结果高于临界值 40d 污染物定义为持久性污染物，初筛污染物 $t_{1/2}$ 计算结果见图 6-1(a)。经计算，确定浑河 YJF 控制单元 21 种初筛污染物中 2,4-二叔丁基苯酚、苯并[a]芘、六六六、阿特拉津 4 种污染物为持久性污染物。

　　软件计算所得 BCF 数据作为累积性判别依据，BCF 计算结果大于 2000 污染物定义为累积性污染物，初筛污染物 BCF 计算结果见图 6-1(b)。经计算，确定 21 种初筛污染物中苯并[a]芘、六六六 2 种污染物具有累积性。

　　软件计算所得 LogK_{oc} 数据作为迁移性判别依据，LogK_{oc} 计算结果小于 2.18 污染物定义为迁移性污染物，初筛污染物 LogK_{oc} 计算结果见图 6-1(c)。经计算，确定 21 种初筛污染物中邻苯二甲酸二乙酯、邻苯二甲酸二甲酯、3-氯苯胺 3 种污染物具有迁移性，控制单元内迁移性污染物以酯与邻苯二甲酸酯类为主。

　　综上所述，浑河 YJF 控制单元污染物理化性质以持久性为主要风险。

　　依据浑河 YJF 控制单元 21 种初筛污染物持久性、累积性、迁移性判定结果，对筛选指标 B'、C、D 进行赋分，浑河 YJF 控制单元筛选指标 B'、C、D 赋分结果见表 6-7。

表 6-7　浑河 YJF 控制单元筛选指标 B'、C、D 赋分结果

污染物名称	Biowin3	$t_{1/2}$/d	持久性(B')赋分	BCF	累积性(C)赋分	LogK_{oc}	迁移性(D)赋分
苯酚	3.07	11.33	0	4.27	0	2.27	0
对甲基苯酚	2.94	14.34	0	8.85	0	2.48	0
2,4-二叔丁基苯酚	2.38	40.72	6	740.20	0	3.96	0
2,4,6-三甲基苯酚	2.73	21.18	0	29.39	0	2.91	0
2,3-二甲基苯酚	2.84	17.43	0	20.10	0	2.70	0
2,4-二甲基苯酚	2.84	17.43	0	15.29	0	2.69	0
3,5-二甲基苯酚	2.84	17.43	0	16.50	0	2.68	0
苯并[a]芘	1.84	108.70	6	5147.00	6	5.77	0
邻苯二甲酸二乙酯	2.99	13.16	0	18.35	0	2.02	6
邻苯二甲酸二正辛酯	3.21	8.70	0	973.90	0	5.15	0
邻苯二甲酸二甲酯	3.05	11.74	0	5.28	0	1.50	6
邻苯二甲酸二异丁酯	2.86	16.53	0	239.20	0	2.91	0
邻苯二甲酸二丁酯	3.46	5.51	0	432.60	0	3.06	0
3-氯苯胺	2.58	28.15	0	8.08	0	2.05	6
硝基苯	2.78	19.34	0	7.72	0	2.36	0
六六六	1.33	279.15	6	2803.00	6	3.79	0
阿特拉津	2.00	80.98	6	7.45	0	2.35	0
2-硝基甲苯	2.65	24.47	0	15.29	0	2.57	0
3-硝基甲苯	2.65	24.47	0	19.21	0	2.56	0
4-硝基甲苯	2.65	24.47	0	17.01	0	2.56	0

② 污染物"三致"性筛选指标赋分计算

筛选指标"三致"性（E）包括致癌性、致畸性、致突变性 3 项指标，应用 Lazar 软件对污染物污染物致癌性，TEST 软件对有机污染物致畸性、致突变性进行计算。经过计算得到 3 项指标赋分结果，对结果加和，确定 21 种初筛污染物筛选指标 E 赋分结果。

浑河 YJF 控制单元初筛污染物"三致"性计算结果如图 6-2 所示，图中污染物序号对应表 6-2。

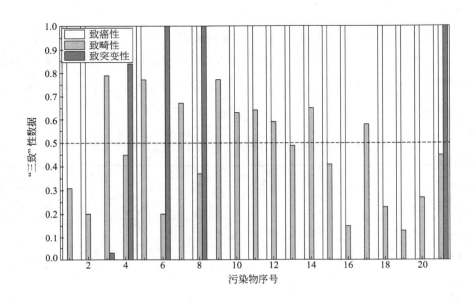

图 6-2　浑河 YJF 控制单元初筛污染物"三致"性计算结果

控制单元 21 种初筛污染物中苯酚、对甲基苯酚、2,3-二甲基苯酚、苯并[a]芘、邻苯二甲酸二正辛酯、邻苯二甲酸二甲酯、邻苯二甲酸二异丁酯、邻苯二甲酸二丁酯、3-氯苯胺、硝基苯、六六六、2-硝基甲苯、3-硝基甲苯、4-硝基甲苯、2,6-二硝基甲苯 15 种有机物具有致癌性，2,4-二叔丁基苯酚、2,3-二甲基苯酚、3,5-二甲基苯酚、邻苯二甲酸二乙酯、邻苯二甲酸二正辛酯、邻苯二甲酸二甲酯、邻苯二甲酸二异丁酯、3-氯苯胺、阿特拉津 9 种物质具有致畸性，2,4,6-三甲基苯酚、2,4-二甲基苯酚、苯并[a]芘、2,6-二硝基甲苯 4 种污染物具有致突变性，没有污染物具有"三致"性。

综上所述，浑河 YJF 控制单元污染物"三致"性以致癌性为主要风险。

依据浑河 YJF 控制单元 21 种初筛污染物"三致"性判定结果，对筛选指标"三致"性（E）进行赋分，浑河 YJF 控制单元污染物筛选指标 E 赋分结果见表 6-8。

表 6-8　浑河 YJF 控制单元污染物筛选指标 *E* 赋分结果

污染物名称	致癌性赋分	生殖毒性赋分	致突变赋分	总分
苯酚	2	0	0	2
对甲基苯酚	2	0	0	2
2,4-二叔丁基苯酚	0	2	0	2
2,4,6-三甲基苯酚	0	0	2	2
2,3-二甲基苯酚	2	2	0	4
2,4-二甲基苯酚	0	0	2	2
3,5-二甲基苯酚	0	2	0	2
苯并[*a*]芘	2	0	2	4
邻苯二甲酸二乙酯	0	2	0	2
邻苯二甲酸二正辛酯	2	2	0	4
邻苯二甲酸二甲酯	2	2	0	4
邻苯二甲酸二异丁酯	2	2	0	4
邻苯二甲酸二丁酯	2	0	0	2
3-氯苯胺	2	2	0	4
硝基苯	2	0	0	2
六六六	2	0	0	2
阿特拉津	—	2	0	2
2-硝基甲苯	2	0	0	2
3-硝基甲苯	2	0	0	2
4-硝基甲苯	2	0	0	2
2,6-二硝基甲苯	2	0	2	4

注：标注"—"物质因其结构不满足 Lazar 软件预测范围，无法实现预测。

3）优控污染物清单

计算初筛清单中污染物筛选指标改进潜在危害指数总分、持久性、累积性、迁移性、"三致"性得分及参照中国和美国优控污染物清单确定筛选指标 *F*、*G* 得分，浑河 YJF 控制单元初筛污染物各指标得分见表 6-9。

表 6-9　浑河 YJF 控制单元初筛污染物各指标得分

污染物名称	*A'*	*B'*	*C*	*D*	*E*	*F*	*G*
苯并[*a*]芘	17	6	6	0	4	6	6
六六六	9	6	6	0	2	6	6
硝基苯	16	0	0	0	2	6	6
邻苯二甲酸二甲酯	6	0	0	6	4	6	6
邻苯二甲酸二正辛酯	6	0	0	0	4	6	6
2,6-二硝基甲苯	6	6	0	0	4	0	6

续表

污染物名称	A'	B'	C	D	E	F	G
邻苯二甲酸二乙酯	6	0	0	6	2	0	6
邻苯二甲酸二丁酯	6	0	0	0	2	6	6
3-氯苯胺	6	0	0	6	4	0	0
2,4-二叔丁基苯酚	6	6	0	0	2	0	0
阿特拉津	6	6	0	0	2	0	0
2-硝基甲苯	12	0	0	0	2	0	0
苯酚	3	0	0	0	2	6	0
2,4,6-三甲基苯酚	9	0	0	0	2	0	0
4-硝基甲苯	3	0	0	0	2	6	0
2,3-二甲基苯酚	6	0	0	0	4	0	0
邻苯二甲酸二异丁酯	6	0	0	0	4	0	0
2,4-二甲基苯酚	6	0	0	0	2	0	0
3,5-二甲基苯酚	6	0	0	0	2	0	0
对甲基苯酚	3	0	0	0	2	0	0
3-硝基甲苯	3	0	0	0	2	0	0

　　加和筛选指标赋分，计算污染物综合得分，按综合得分确定浑河 YJF 控制单元 21 种初筛污染物排序，浑河 YJF 控制单元初筛污染物各指标得分见表 6-10。

表 6-10　浑河 YJF 控制单元初筛污染物各指标得分排序

排序	污染物名称	总分	排序	污染物名称	总分
1	苯并[a]芘	9.67	12	邻苯二甲酸二乙酯	3.21
2	硝基苯	7.00	13	2,3-二甲基苯酚	3.05
3	六六六	6.12	14	邻苯二甲酸二异丁酯	3.05
4	2-硝基甲苯	5.17	15	邻苯二甲酸二丁酯	2.95
5	2,4,6-三甲基苯酚	3.96	16	2,4-二甲基苯酚	2.74
6	2,6-二硝基甲苯	3.93	17	3,5-二甲基苯酚	2.74
7	邻苯二甲酸二甲酯	3.69	18	苯酚	1.68
8	2,4-二叔丁基苯酚	3.56	19	4-硝基甲苯	1.68
9	阿特拉津	3.56	20	对甲基苯酚	1.52
10	3-氯苯胺	3.48	21	3-硝基甲苯	1.52
11	邻苯二甲酸二正辛酯	3.27			

　　由浑河 YJF 控制单元污染物综合得分计算结果，排名前 30% 的 6 种污染物作为优控污染物，浑河 YJF 控制单元优控污染物清单见表 6-11。

表 6-11　浑河 YJF 控制单元优控污染物清单

控制单元	种类	优控污染物
浑河 YJF 控制单元	农药类(1 种)	六六六
	苯酚类(1 种)	2,4,6-三甲基苯酚
	硝基苯类(3 种)	硝基苯、2-硝基甲苯、2,6-二硝基甲苯
	多环芳烃类(1 种)	苯并[a]芘

6.1.2　蒲河 PHY 控制单元

（1）污染物初步筛选

蒲河 PHY 控制单元位于沈阳市北部。蒲河上游属于人口密度较低的农村地区，河流受人为活动干扰程度低，水质普遍较好。中游流经沈阳城市内部，人口密集，污染集中排放造成水环境重度污染。下游属于农业生产区，河水受农业面源污染，具有典型点面结合污染特征。

"十二五"期间蒲河流域点源治理将蒲河流域定位为典型制药行业废水主导污染水体，对控制单元内点源污染制药企业识进行调研，识别点源污染企业有沈阳抗生素厂、沈阳格林制药、沈阳飞龙制药有限公司等 8 家。

以控制单元重点排污企业中沈阳抗生素厂作为制药行业典型排污企业，对其工艺节点废水排放中存在风险污染物资料进行收集，可得包括烷烯炔烃及其衍生物、醇类、酯类和邻苯二甲酸酯类、胺类、杂环类、酚类 38 种有机污染物为工艺节点风险污染物，沈阳抗生素厂工艺节点风险污染物见表 6-12，其中酯与邻苯二甲酸酯类污染物为制药行业重点优控污染物。

表 6-12　沈阳抗生素厂工艺节点风险污染物

类别	污染物名称
烷烯炔烃及其衍生物(1 种)	1,2-二乙环十六烷
醇类(1 种)	1-金刚烷醇
酯类和邻苯二甲酸酯类(11 种)	乙酸丁酯、甲酸丁酯、丁酸丁酯、丁酸-2-甲基丙基酯、丙烯酸十五烷基酯、邻苯二甲酸二异丁酯、邻苯二甲酸二丁酯、邻苯二甲酸单(2-乙基己基)酯、硫代二丙酸双十二烷酯、4-乙酸三氟-1,5-戊二酯、五氟丙酸十七烷基酯
胺类(5 种)	N,N-二甲基甲酰胺、N-(1,1-二甲基乙基)酰胺、十六碳酰胺、油酸酰胺、芥酸酰胺
杂环类(18 种)	1-环己基-5-[(2-哌嗪-1-基-乙基氨基)亚甲基]嘧啶-2,4,6-三酮、1-(2-羟乙基)-2-咪唑啉酮、N-甲基吡咯烷酮、1-(4-乙酰基苯基磺酰基)-4-甲基哌嗪、氮杂环辛酮、N-甲基哌嗪、1-氨基-4-甲基哌嗪、1-(2-羟乙基)哌嗪、1-(3 羟丙基)-4-甲基哌嗪、异噁唑、2-氨基嘧啶、4-乙基-1-甲基-2-吡唑、噻唑、1-异丙基-3-甲基-2-吡唑、3-甲基吡啶、5,5-二甲基-3-(4-甲基哌嗪-1-基)氨基 2-环己烯酮、1-4-溴-7-(4-甲基哌嗪-1-磺酰基)-苯并[1,2,5]噻二唑、2-丁氧基四氢 2H-吡喃
酚类(2 种)	2,6-二叔丁基对甲酚、2,6-二叔丁基-4-乙基苯酚

以沈阳抗生素厂工艺节点风险污染物为参考，检索制药企业典型特征污染物数据库，结合蒲河流域有机污染物污染研究历程，确定苯酚类物质 5 种、酯与邻苯二甲酸酯类物质 5 种、苯胺类 1 种、硝基苯类 1 种、多环芳烃类 7 种为点源初筛污染物。对蒲河流域农药类优控污染物进行检索，确定农药类 2 种为面源初筛污染物，确定点源面源共 21 种污染物为初筛污染物。蒲河 PHY 控制单元优控污染物初筛清单见表 6-13。

表 6-13　蒲河 PHY 控制单元优控污染物初筛清单

序号	污染物名称	序号	污染物名称	序号	污染物名称
1	2,4-二叔丁基苯酚	8	邻苯二甲酸二甲酯	15	苯并[a]芘
2	2,3-二甲基苯酚	9	邻苯二甲酸二正丁酯	16	苯并[b]荧蒽
3	2,4-二甲基苯酚	10	邻苯二甲酸二异丁酯	17	苯并[k]荧蒽
4	3,5-二甲基苯酚	11	3-氯苯胺	18	芴
5	2,4,6-三甲基苯酚	12	硝基苯	19	菲
6	邻苯二甲酸二正辛酯	13	阿特拉津	20	蒽
7	邻苯二甲酸二乙酯	14	六六六	21	苯并[g,h,i]芘

（2）优控污染物筛选

1）初筛污染物定量分析

为确定蒲河 PHY 控制单元内初筛清单中污染物实际暴露情况，选择控制单元流域 3 个点位，在枯水期 11 月份、平水期 4 月份、丰水期 8 月份对控制单元初筛污染物定量检测。依据检测结果确定筛选指标改进潜在危害指数总分中污染物检出浓度、检出率赋值。综合考虑蒲河 PHY 控制单元内水体蒲河干流、左小河支流、团结水库地理信息，由于控制单元内支流流域水量较少，部分支流存在枯水期断流情况，在水量充沛的蒲河干流布设 3 个采样点。

初筛污染物中苯并[a]芘、苯并[b]荧蒽、苯并[k]荧蒽、芴、菲、蒽 6 种多环芳烃类物质被检出，平均检出浓度排序为苯并[k]荧蒽＞蒽＞芴＞菲＞苯并[b]荧蒽＞苯并[a]芘（1.89×10^{-1} μg/L＞1.46×10^{-1} μg/L＞7.03×10^{-2} μg/L＞6.77×10^{-2} μg/L＞4.32×10^{-2} μg/L＞1.20×10^{-3} μg/L），蒲河 PHY 控制单元有机污染物污染已转变向多环芳烃物质污染为主要趋势，对多环芳烃类物质溯源及治理为控制单元有机污染物治理主要目标。

2）改进潜在危害指数总分计算

筛选指标改进潜在危害指数总分（A'）由改进潜在危害指数赋分、检出浓度赋分、检出率赋分 3 部分组成。依据 TEST 软件计算污染物 LD_{50} 数值，蒲河 PHY 控制单元初筛污染物软件输入支持数据见表 6-14。

表 6-14　蒲河 PHY 控制单元初筛污染物软件输入支持数据

污染物	CAS 登记号	Smile 结构
2,4-二叔丁基苯酚	96-76-4	Oc(c(cc(c1)C(C)(C)C)C(C)(C)C)c1
2,3-二甲基苯酚	526-75-0	Oc(c(c(cc1)C)C)c1
2,4-二甲基苯酚	105-67-9	Oc(c(cc(c1)C)C)c1
3,5-二甲基苯酚	108-68-9	Oc(cc(cc1C)C)c1
2,4,6-三甲基苯酚	527-60-6	Oc(c(cc(c1)C)C)c1C
邻苯二甲酸二正辛酯	117-84-0	O=C(OCCCCCCCC)c(c(ccc1)C(=O)OCCCCCCCC)c1
邻苯二甲酸二乙酯	84-66-2	O=C(OCC)c(c(ccc1)C(=O)OCC)c1
邻苯二甲酸二甲酯	131-11-3	O=C(OC)c(c(ccc1)C(=O)OC)c1
邻苯二甲酸二丁酯	84-74-2	O=C(OCCCC)c(c(ccc1)C(=O)OCCCC)c1
邻苯二甲酸二异丁酯	84-69-5	O=C(OCC(C)C)c(c(ccc1)C(=O)OCC(C)C)c1
3-氯苯胺	108-42-9	Nc(cccc1Cl)c1
硝基苯	98-95-3	N(=O)(=O)c(cccc1)c1
阿特拉津	1912-24-9	n(c(nc(n1)NC(C)C)NCC)c1Cl
六六六	118-74-1	c(c(c(c(c1Cl)Cl)Cl)Cl)(c1Cl)Cl
苯并[a]芘	50-32-8	c(c(c(cc1)ccc2)c2cc3)(c3cc(c4ccc5)c5)c14
苯并[b]荧蒽	205-99-2	c12ccccc1cc3c4ccccc4c5c3c2ccc5
苯并[k]荧蒽	207-08-9	c2ccc1cc3c(cc1c2)c4cccc5cccc3c45
芴	86-73-7	c(c(c(c1ccc2)c2)ccc3)(c3)C1
菲	85-01-8	c(c(c(c(c1)ccc2)c2)ccc3)(c1)c3
蒽	120-12-7	c(c(cccc1)cc(c2ccc3)c3)(c1)c2

计算蒲河 PHY 控制单元 21 种初筛污染物改进潜在危害指数范围在 28（芴）～10（蒽）。利用改进潜在危害指数几何分级计算方法在 28～10 范围内取 5 等份，赋予改进潜在危害指数 1～5 不同分值，赋分结果为 N'。

由 PHY 控制单元初筛污染物检测结果，得控制单元初筛污染物最高浓度为苯并[k]荧蒽（$1.89×10^{-1}\mu g/L$），最低浓度为苯并[a]芘（$1.20×10^{-3}\mu g/L$），利用污染物检出浓度几何分级计算方法在检出浓度范围 $1.89×10^{-1}$～$1.20×10^{-3}$ 之间取 5 等份，赋予检出浓度 1～5 不同分值，赋分结果为 C_W，检出率同理，蒲河 PHY 控制单元初筛污染物 N'、C_W、F_W 等级赋分结果见表 6-15。

表 6-15　蒲河 PHY 控制单元初筛污染物 N'、C_W、F_W 等级赋分结果

改进潜在危害指数 N	污染物浓度/($\mu g/L$)	检出率/%	N'、C_W、F_W 赋分结果
28～24.4	$1.89×10^{-1}$～$1.51×10^{-1}$	80～100	5
24.4～20.8	$1.51×10^{-1}$～$1.14×10^{-1}$	60～80	4
20.8～17.2	$1.14×10^{-1}$～$7.63×10^{-2}$	40～60	3
17.2～13.3	$7.63×10^{-2}$～$3.88×10^{-2}$	20～40	2
13.6～10.0	$3.88×10^{-2}$～$1.20×10^{-2}$	0～20	1

根据赋分方法和评分标准，对初筛选污染物的改进潜在危害指数、检出率、检出浓度指标量化处理，得到 N'、C_w、F_w 赋分结果，计算改进潜在危害指数总分 R，即为筛选指标 A' 值，蒲河 PHY 控制单元初筛污染物改进潜在危害指数总分 R 计算结果如表 6-16 所示。

表 6-16   蒲河 PHY 控制单元初筛污染物改进潜在危害指数总分 R 计算结果

污染物名称	N	N'	C_w	F_w	R
2,4-二叔丁基苯酚	12	1	0	0	3
2,3-二甲基苯酚	15	2	0	0	6
2,4-二甲基苯酚	15	2	0	0	6
3,5-二甲基苯酚	15	2	0	0	6
2,4,6-三甲基苯酚	16	2	0	0	6
邻苯二甲酸二正辛酯	15	2	0	0	6
邻苯二甲酸二乙酯	15	2	0	0	6
邻苯二甲酸二甲酯	15	2	0	0	6
邻苯二甲酸二丁酯	15	2	0	0	6
邻苯二甲酸二异丁酯	15	2	0	0	6
3-氯苯胺	14	2	0	0	6
硝基苯	15	2	0	0	6
阿特拉津	13	1	0	0	3
六六六	17	2	0	0	6
苯并[a]芘	27.5	5	1	4	20
苯并[b]荧蒽	12	1	2	3	8
苯并[k]荧蒽	14	2	5	3	14
䓛	28	5	2	2	19
菲	16	2	2	3	11
蒽	10	1	4	3	10
苯并[g,h,i]芘	14	2	0	0	6

3) 污染物理化性、"三致"性筛选指标赋分计算

① 污染物理化性筛选指标赋分计算

污染物理化性质对应筛选指标持久性（B'）、累积性（C）、迁移性（D）3 项指标。应用 EPI Suite 软件对控制单元优控污染物初筛清单中 21 种污染物持久性、累积性、迁移性参数 $t_{1/2}$、BCF、$LogK_{oc}$ 进行计算，将计算结果与指标临界值比较，确定筛选指标持久性（B'）、累积性（C）、迁移性（D）赋分，蒲河 PHY 控制单元初筛污染物生殖毒性、致突变性软件输出数据见表 6-17。

表 6-17　蒲河 PHY 控制单元初筛污染物生殖毒性、致突变性软件输出数据

污染物名称	生殖毒性数据输出	致突变系数输出	污染物名称	生殖毒性数据输出	致突变系数输出
2,4-二叔丁基苯酚	0.79	0.03	2,3-二甲基苯酚	0.77	0
2,4-二甲基苯酚	0.2	1	3,5-二甲基苯酚	0.67	0
2,4,6-三甲基苯酚	0.45	0.84	邻苯二甲酸二正辛酯	0.63	0
邻苯二甲酸二乙酯	0.77	0	邻苯二甲酸二甲酯	0.64	0
邻苯二甲酸二丁酯	0.49	0	邻苯二甲酸二异丁酯	0.59	0
3-氯苯胺	0.65	0	硝基苯	0.41	0
阿特拉津	0.58	0	六六六	0.15	0
苯并[a]芘	0.37	1.09	苯并[b]荧蒽	0.5	1
苯并[k]荧蒽	0.42	1	芴	0.3	0
菲	0.18	0.57	蒽	0	0.65
苯并[g,h,i]芘	—	1			

注：标注"—"物质因其结构不满足 TEST 软件预测范围，无法实现预测。

蒲河 PHY 控制单元初筛污染物 $t_{1/2}$、BCF、$\text{Log}K_{\text{oc}}$ 计算结果见图 6-3，图中污染物序号对应表 6-13。

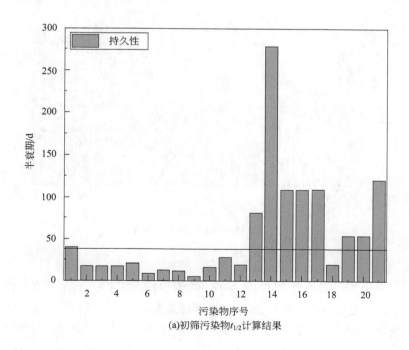

(a)初筛污染物 $t_{1/2}$ 计算结果

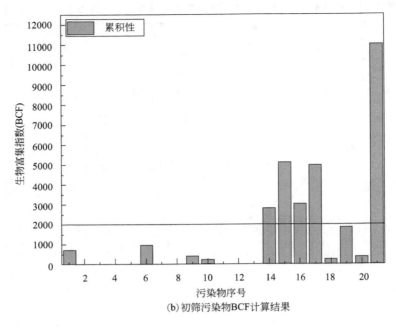

(b) 初筛污染物BCF计算结果

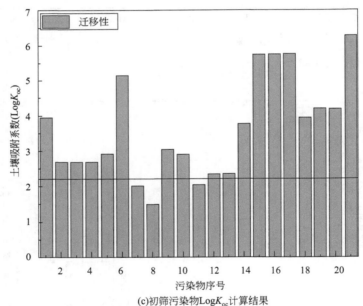

(c)初筛污染物LogK_{oc}计算结果

图 6-3 蒲河 PHY 控制单元初筛污染物 $t_{1/2}$、BCF、LogK_{oc} 计算结果

  污染物 $t_{1/2}$ 由软件输出的 Biowin3 数值进行计算，$t_{1/2}$ 计算结果高于临界值 40d 污染物定义为持久性污染物，初筛污染物 $t_{1/2}$ 计算结果见图 6-3（a）。经计算确定蒲河 PHY 控制单元 21 种初筛污染物中 2,4-二叔丁基苯酚、阿特拉津、六六六、苯并［a］芘、苯并［b］荧蒽、苯并［k］荧蒽、菲、蒽 8 种污染物为持久性污染物。

　　软件计算所得 BCF 数据为累积性判别依据，BCF 计算结果大于 2000 污染物定义为累积性污染物，初筛污染物 BCF 计算结果见图 6-3(b)。经计算，确定 21 种初筛污染物中六六六、苯并[a]芘、苯并[b]荧蒽、苯并[k]荧蒽、苯并[g，h，i]芘 5 种污染物具有累积性。

　　软件计算所得 $LogK_{oc}$ 数据作为迁移性判别依据，$LogK_{oc}$ 计算结果小于 2.18 污染物定义为迁移性性污染物，初筛污染物 $LogK_{oc}$ 计算结果见图 6-3(c)。经计算，确定 21 种初筛污染物中邻苯二甲酸二乙酯、邻苯二甲酸二甲酯、3-氯苯胺 3 种污染物具有迁移性。

　　综上所述，蒲河 PHY 控制单元污染物理化性质以持久性为主要风险。

　　依据 21 种初筛污染物持久性、累积性、迁移性判定结果，对筛选指标 B'、C、D 进行赋分，蒲河 PHY 控制单元筛选指标 B'、C、D 赋分结果见表 6-18。

表 6-18　蒲河 PHY 控制单元筛选指标 B'、C、D 赋分结果

污染物名称	Biowin3	$t_{1/2}$/d	持久性(B')赋分	BCF	累积性(C)赋分	$LogK_{oc}$	迁移性(D)赋分
2,4-二叔丁基苯酚	2.38	40.72	6	740.20	0	3.96	0
2,3-二甲基苯酚	2.84	17.43	0	20.10	0	2.70	0
2,4-二甲基苯酚	2.84	17.43	0	15.29	0	2.69	0
3,5-二甲基苯酚	2.84	17.43	0	16.50	0	2.68	0
2,4,6-三甲基苯酚	2.73	21.18	0	29.39	0	2.91	0
邻苯二甲酸二正辛酯	3.21	8.70	0	973.90	0	5.15	0
邻苯二甲酸二乙酯	2.99	13.16	0	18.35	0	2.02	6
邻苯二甲酸二甲酯	3.05	11.74	0	5.28	0	1.50	6
邻苯二甲酸二丁酯	3.46	5.51	0	432.60	0	3.06	0
邻苯二甲酸二异丁酯	2.86	16.53	0	239.20	0	2.91	0
3-氯苯胺	2.58	28.15	0	8.08	0	2.05	6
硝基苯	2.78	19.34	0	7.72	0	2.36	0
阿特拉津	2.00	80.98	6	7.45	0	2.35	0
六六六	1.33	279.15	6	2803.00	6	3.79	0
苯并[a]芘	1.84	108.70	6	5147.00	6	5.77	0
苯并[b]荧蒽	1.84	3024	6	3024.00	6	5.78	0
苯并[k]荧蒽	1.84	4993	6	4993.00	6	5.77	0
芴	2.76	20.16	0	266.20	0	3.96	0
菲	2.22	54.26	6	1865.00	0	4.22	0
蒽	2.22	54.26	6	401.00	0	4.21	0
苯并[g,h,i]芘	1.79	119.85	0	11000.00	6	6.29	0

　　② 污染性"三致"性筛选指标赋分计算

　　筛选指标"三致"性（E）包括致癌性、致畸性、致突变性 3 项指标，应用 Lazar 软件对污染物致癌性，TEST 软件对有机污染物致畸性、致突变性进行计算。经过计算，得到 3 项指标赋分结果，对结果加和，确定 21 种初筛污染物筛选指标 E 赋分结果。

　　蒲河 PHY 控制单元初筛污染物"三致"性计算结果如图 6-4 所示，图中污染物序号对应表 6-13。

　　控制单元 21 种初筛污染物中 2,3-二甲基苯酚、邻苯二甲酸二正辛酯、邻苯二甲酸二甲酯、邻苯二甲酸二丁酯、邻苯二甲酸二异丁酯、3-氯苯胺、硝基苯、六六六、苯并 [a] 芘、苯并 [b] 荧蒽、苯并 [k] 荧蒽、芴、菲、蒽、苯并 [g，h，i] 芘 15 种有机物具有致癌性，2,4-二叔丁基苯酚、2,3-二甲基苯酚、3,5-二甲基苯酚、邻苯二甲酸二乙酯、邻苯二甲酸二甲酯、邻苯二甲酸二异丁酯、3-氯苯胺、阿特拉津、苯并 [b] 荧蒽 9 种物质具有致畸性，2,4-二甲基苯酚、2,4,6-三甲基苯酚、苯并 [a] 芘、苯并 [b] 荧蒽、菲、蒽、苯并 [g，h，i] 芘 7 种污染物具有致突变性，其中污染物苯并 [b] 荧蒽具有 "三致" 性。

　　综上所述，蒲河 PHY 控制单元污染物 "三致" 性以致癌性为主要风险。

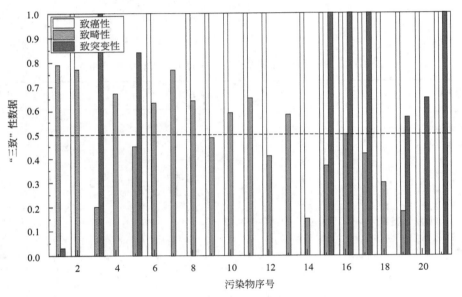

图 6-4　蒲河 PHY 控制单元初筛污染物 "三致" 性计算结果

　　依据 21 种初筛污染物 "三致" 性判定结果，对筛选指标 E 进行赋分，蒲河 PHY 控制单元污染物筛选指标 E 赋分结果见表 6-19。

表 6-19　蒲河 PHY 控制单元污染物筛选指标 E 赋分结果

污染物名称	致癌性赋分	生殖毒性赋分	致突变赋分	总分
2,4-二叔丁基苯酚	0	2	0	2
2,3-二甲基苯酚	2	2	0	4
2,4-二甲基苯酚	0	0	2	2
3,5-二甲基苯酚	0	2	0	2
2,4,6-三甲基苯酚	0	0	2	2

续表

污染物名称	致癌性赋分	生殖毒性赋分	致突变赋分	总分
邻苯二甲酸二正辛酯	2	2	0	4
邻苯二甲酸二乙酯	0	2	0	2
邻苯二甲酸二甲酯	2	2	0	4
邻苯二甲酸二丁酯	2	0	0	2
邻苯二甲酸二异丁酯	2	2	0	4
3-氯苯胺	2	2	0	4
硝基苯	2	0	0	2
阿特拉津	—	2	0	2
六六六	2	0	0	2
苯并[a]芘	2	0	2	4
苯并[b]荧蒽	2	2	2	6
苯并[k]荧蒽	2	0	2	4
芴	2	0	0	2
菲	2	0	2	4
蒽	2	0	2	4
苯并[g,h,i]苝	2	—	2	4

注：标注"—"物质因其结构不满足 Lazar 软件预测范围，无法实现预测。

4）优控污染物名单

计算初筛清单中 21 种污染物筛选指标改进潜在危害指数总分、持久性、累积性、迁移性、"三致"性得分及参照中国和美国优控污染物清单确定筛选指标 F、G 得分，蒲河 PHY 控制单元初筛污染物各指标得分见表 6-20。

表 6-20　蒲河 PHY 控制单元初筛污染物各指标得分

污染物名称	A'	B'	C	D	E	F	G
苯并[a]芘	20	6	6	0	4	4	6
苯并[k]荧蒽	14	6	6	0	4	6	6
苯并[b]荧蒽	8	6	6	0	6	6	0
六六六	6	6	6	2	2	6	6
邻苯二甲酸二甲酯	6	0	0	6	4	6	6
苯并[g,h,i]苝	6	0	6	0	4	6	6
芴	19	0	0	0	2	0	6
菲	11	6	0	0	4	0	6
蒽	10	6	0	0	4	0	6
邻苯二甲酸二正辛酯	6	0	0	0	4	6	6
邻苯二甲酸二乙酯	6	0	0	6	2	0	6
邻苯二甲酸二丁酯	6	0	0	0	2	6	6
硝基苯	6	0	0	0	2	6	6

续表

污染物名称	A'	B'	C	D	E	F	G
3-氯苯胺	6	0	0	6	4	0	0
阿特拉津	3	6	0	0	2	0	6
2,4-二叔丁基苯酚	3	6	0	0	2	0	0
2,3-二甲基苯酚	6	0	0	0	4	0	0
邻苯二甲酸二异丁酯	6	0	0	0	4	0	0
2,4-二甲基苯酚	6	0	0	0	2	0	0
3,5-二甲基苯酚	6	0	0	0	2	0	0
2,4,6-三甲基苯酚	6	0	0	0	2	0	0

依据得到的筛选指标赋分，计算初筛污染物综合得分，蒲河 PHY 控制单元初筛污染物加权得分排序结果见表 6-21。

表 6-21　蒲河 PHY 控制单元初筛污染物加权得分排序结果

排序	污染物名称	A'	B'	C	D	E	F	G	总分
1	苯并[a]芘	8.10	0.82	1.14	0.00	0.63	0.11	0.1	10.89
2	苯并[k]荧蒽	5.67	0.82	1.14	0.00	0.63	0.16	0.1	8.51
3	苯并[b]荧蒽	7.69	0.00	0.00	0.00	0.31	0.00	0.1	8.11
4	六六六	3.24	0.82	1.14	0.00	0.94	0.16	0.00	6.30
5	邻苯二甲酸二甲酯	4.45	0.82	0.00	0.00	0.63	0.00	0.1	6.00
6	苯并[g,h,i]芘	4.05	0.82	0.00	0.00	0.63	0.00	0.1	5.60
7	芴	2.43	0.82	1.14	0.00	0.31	0.16	0.1	4.96
8	菲	2.43	0.00	1.14	0.00	0.63	0.16	0.1	4.46
9	蒽	2.43	0.00	0.00	0.42	0.63	0.16	0.1	3.74
10	邻苯二甲酸二正辛酯	2.43	0.00	0.00	0.42	0.63	0.00	0.00	3.48
11	邻苯二甲酸二乙酯	2.43	0.00	0.00	0.00	0.63	0.16	0.1	3.32
12	邻苯二甲酸二丁酯	2.43	0.00	0.00	0.42	0.31	0.00	0.1	3.26
13	硝基苯	2.43	0.00	0.00	0.00	0.63	0.00	0.00	3.06
14	3-氯苯胺	2.43	0.00	0.00	0.00	0.63	0.00	0.00	3.06
15	阿特拉津	2.43	0.00	0.00	0.00	0.31	0.16	0.1	3.01
16	2,4-二叔丁基苯酚	2.43	0.00	0.00	0.00	0.31	0.16	0.1	3.01
17	2,3-二甲基苯酚	2.43	0.00	0.00	0.00	0.31	0.00	0.00	2.74
18	邻苯二甲酸二异丁酯	2.43	0.00	0.00	0.00	0.31	0.00	0.00	2.74
19	2,4-二甲基苯酚	2.43	0.00	0.00	0.00	0.31	0.00	0.00	2.74
20	3,5-二甲基苯酚	1.21	0.82	0.00	0.00	0.31	0.00	0.1	2.45
21	2,4,6-三甲基苯酚	1.21	0.82	0.00	0.00	0.31	0.00	0.00	2.35

由蒲河 PHY 控制单元污染物综合得分计算结果得到 6 种优控污染物，蒲河
PHY 控制单元优控污染物清单见表 6-22。

表 6-22 蒲河 PHY 控制单元优控污染物清单

控制单元	种类	优控污染物
蒲河 PHY 控制单元	多环芳烃类（4 种）	苯并[a]芘、苯并[k]荧蒽、苯并[b]荧蒽、苯并[g,h,i]苝
	农药（1 种）	六六六
	酯类和邻苯二甲酸酯类（1 种）	邻苯二甲酸二甲酯

6.2 典型面源污染控制单元优控污染物筛选

6.2.1 污染物初步筛选

绕阳河 PJ 控制单元位于盘锦市，控制单元内地域大部分为广阔的平原，
为盘锦市农业用地，每年农业生产使用的农药，在雨季时经过雨水冲刷，随
地表径流、河渠排入绕阳河干流、西沙河、月牙河、鸭子河等控制单元流域
内。这些农药杀虫剂及重金属污染物种类与浓度远远超过控制单元内工业和
城市类型污染物排放的趋势。控制单元内水流时空分布不均，在丰水期的流
量能达到 2000 m^3/s，水流流速大，5～8 月份丰水期为农药使用季节，水流
速度加速污染物在水环境中稀释、混合，而冬季低温，流量仅有 0.3 m^3/s，
水流缓慢，水位下降，造成这些农药类、重金属类污染物的蓄积，导致控制
单元流域有毒有害污染物超标。

对盘锦农业用地类型及地块使用农药进行调研，农业用地类型调研结果显示盘
锦农业用地类型为蟹田（成蟹、小蟹）与无蟹地块相结合，因为成蟹、小蟹、无蟹
地块所需要的农药功能不尽相同，在农药类、杀虫剂和除草剂类产品使用上存在差
异。成蟹地块使用除草剂噁·氧·莎稗磷 1 种、杀虫剂吡蚜酮 1 种，杀菌剂三环唑
1 种；小蟹地块使用除草剂莎稗磷、丙炔噁草酮 2 种，杀虫剂吡蚜酮、四氯虫酰
胺、氟啶虫酰胺 3 种，杀菌剂三环唑、井冈霉素 A2 种；无蟹地块使用除草剂丙·
氧·噁草酮、吡嘧磺隆 2 种，拿敌稳农药肟菌·戊唑醇 1 种。绕阳河 PJ 控制单元
农药使用品类及主要成分见表 6-23。

依据农作物生长规律，除草剂类农药 5 月份投加，杀虫剂、杀菌剂类农药每年
8 月份投加。这些农药类物质在使用期间随着地下水以及雨水径流，流入控制单元
绕阳河水域内，造成对控制单元水体的污染，为绕阳河 PJ 控制单元主要风险有机
污染物。

表 6-23　绕阳河 PJ 控制单元农药使用品类及主要成分

地块名称	施药品种	农药品类	主要成分	有效成分含量/%
成蟹地块	除草剂	噁·氧·莎稗磷	乙氧氟草醚	12
			噁草酮	16
			莎稗磷	9
	打稻飞虱药	吡蚜酮	吡蚜酮	25
	杀菌剂	三环唑	三环唑	75
小蟹地块	除草剂	莎稗磷	莎稗磷	30
		丙炔噁草酮	丙炔噁草酮	8
	打稻飞虱药	吡蚜酮	吡蚜酮	25
	杀虫剂	四氯虫酰胺	四氯虫酰胺	10
		氟啶虫酰胺	氟啶虫酰胺	10
	杀菌剂	三环唑	三环唑	30
		井冈霉素 A	井冈霉素 A	8
无蟹地块	除草剂	丙·氧·噁草酮	丙草胺含量	15
			乙氧氟草醚	12
			噁草酮	7
		吡嘧磺隆	吡嘧磺隆	10
	拿敌稳农药	肟菌·戊唑醇	戊唑醇	50
			肟菌酯	25

控制单元内重金属污染实检确定 Cr、As、Pb、Cu、Cd、Hg、Mn 7 种为主要金属类污染物。在农药调研及重金属实测基础上，结合辽河流域有毒有害污染物治理历程，确定重金属类物质 7 种、多环芳烃类 2 种、苯系物类 1 种、农药类 13 种为初筛优控污染物，绕阳河 PJ 控制单元优控污染物初筛清单见表 6-24。

表 6-24　绕阳河 PJ 控制单元优控污染物初筛清单

序号	污染物名称	序号	污染物名称	序号	污染物名称
1	Cr	9	苯并[a]芘	17	井冈霉素 A
2	As	10	苯	18	四氯虫酰胺
3	Pb	11	乙氧氟草醚	19	丙草胺
4	Cu	12	莎稗磷	20	吡嘧磺隆
5	Cd	13	噁草酮	21	戊唑醇
6	Hg	14	吡蚜酮	22	肟菌酯
7	Mn	15	三环唑	23	氟啶虫酰胺
8	苯并[a]蒽	16	丙炔噁草酮		

6.2.2　初筛污染物定量分析

为确定绕阳河 PJ 控制单元内污染物初筛清单中污染物实际暴露情况，选择控制单元流域 3 个点位，在枯水期 11 月份、平水期 4 月份、丰水期 8 月份对控制单元初筛污染物定量检测。依据检测结果确定筛选指标改进潜在危害指数总分计算中污染物检出浓度、检出率赋值。综合考虑绕阳河 PJ 控制单元内水体绕阳河干流、西沙河支流、羊肠河支流、月牙河支流等绕阳河支流，选择设定在水量充足的绕阳河干流及支流汇入口处布设 3 个采样点。

初筛污染物中 Cr、As、Pb、Cu、Cd、Hg、Mn7 种重金属离子在控制单元中检出率为 100%，平均检出浓度排序为 Mn＞Hg＞As＞Cr＞Cu＞Pb＞Cd（3.00×10^{-2}mg/L＞7.23×10^{-4}mg/L＞3.70×10^{-4}mg/L＞2.36×10^{-4}mg/L＞2.10×10^{-4}mg/L＞1.51×10^{-4}mg/L＞5.69×10^{-5}mg/L），其中 Hg 离子在平水期、枯水期 3 个采样点处于我国水环境质量Ⅳ类水水平，其余不低于于Ⅲ类水水平。在时空分布上 Hg、Mn 两种金属在支流汇入口采样点浓度偏高，原因可能是支流水质重金属污染较干流重金属污染严重，河流汇入，导致金属浓度的升高。

在控制单元检测出苯并［a］芘、乙氧氟草醚、莎稗磷、噁草酮、吡蚜酮、三环唑 6 种污染物。平均浓度噁草酮＞三环唑＞吡蚜酮＞乙氧氟草醚＞莎稗磷＞苯并［a］芘（5.12×10^{-4}mg/L＞4.07×10^{-5}mg/L＞3.99×10^{-5}mg/L＞3.65×10^{-5}mg/L＞2.27×10^{-5}mg/L＞1.96×10^{-5}mg/L）。6 种有机污染物平均浓度最高为噁草酮，噁草酮为控制单元内除草剂类农药类物质，为达到农作物产量，农民农药的使用量与频次远超过规定范围，造成控制单元内农药类物质污染。

在时空分布上，农药类污染物主要集中于丰水期 9 月份，与调研农药投加时间所对应，但在枯水期 11 月份流域中农药平均检出浓度仍大于平水期，在农药使用期限后，仍有大量农药残留在土壤中，受雨水径流冲刷，进入流域。控制单元检出多环芳烃类物质苯并［a］芘虽然平均浓度低于农药类污染物，但其检出率为 100%，造成的风险仍不能忽视。

6.2.3　优控污染物筛选

（1）改进潜在危害指数总分计算

初筛污染物筛选指标改进潜在危害指数总分（A'）由改进潜在危害指数、检出浓度、检出率 3 部分组成。依据 TEST 软件计算污染物 LD_{50} 数值，绕阳河 PJ 控制单元初筛污染物软件输入支持数据见表 6-25。

表 6-25　绕阳河 PJ 控制单元初筛污染物软件输入支持数据

污染物	CAS 登记号	Smile 结构
Cr	7440-47-3	[Cr]
As	7440-38-2	[As]
Pb	7439-92-1	[Pb]
Cu	7440-50-8	[Cu]
Cd	7440-50-8	[Cd]
Hg	7439-97-6	[Hg]
Mn	7439-96-5	[Mn]
苯并[a]蒽	56-55-3	c(c(c(c(c1)ccc2)c2)cc(c3ccc4)c4)(c1)c3
苯并[a]芘	50-32-8	c(c(c(cc1)ccc2)c2cc3)(c3cc(c4ccc5)c5)c14
苯	71-43-2	c(cccc1)c1
乙氧氟草醚	42874-03-3	Clc1cc(C(F)(F)F)ccc1Oc2cc(OCC)c(N(=O)(=O))cc2
莎稗磷	64249-01-0	c1cc(Cl)ccc1N(C(C)C)C(=O)CSP(=S)(OC)OC
噁草酮	19666-30-9	CC(C)Oc1cc(c(Cl)cc1Cl)N2N=C(OC2=O)C(C)(C)C
吡蚜酮	123312-89-0	O=C1NN=C(C)CN1N=Cc2cccnc2
三环唑	41814-78-2	Cc1cccc2sc3nncn3c12
丙炔噁草酮	39807-15-3	C(O)C(N)=O)C(=O)C(N)=O)CC♯C
井冈霉素 A	37248-47-8	O1C(CO)C(O)C(O)C(O)C1OC2C(CO)CC(NC3C=C(CO)C(O)C(O)C3O)C(O)C2O
四氯虫酰胺	1104384-14-6	N3(C2C(Cl)=CC(Cl)=CN=2)N=C(Br)C=C3C(=O)NC1C(Cl)=CC(Cl)=CC=1C(=O)NC
丙草胺	51218-49-6	CCc1cccc(CC)c1N(C(=O)CCl)CCOCCC
吡嘧磺隆	93697-74-6	CCOC(=O)c1cnn(C)c1S(=O)(=O)NC(=O)Nc2nc(OC)cc(OC)n2
戊唑醇	80443-41-0	N3(C2C(Cl)=CC(Cl)=CN=2)N=C(Br)C=C3C(=O)NC1C(Cl)=CC(Cl)=CC=1C(=O)NC
肟菌酯	141517-21-7	c1(C(F)(F)F)cc(ccc1)\C(=N\OCc1c(cccc1)\C(C(=O)OC)=N\OC)C
氟啶虫酰胺	158062-67-0	FC(F)(F)c1ccncc1C(=O)NCC♯N

计算绕阳河控制单元初筛污染物改进潜在危害指数范围在 30（Cr）～9（四氯虫酰胺）。利用改进潜在危害指数几何分级计算方法在 30～9 范围内取 5 等份，赋予改进潜在危害指数 1～5 不同分值，赋分结果为 N'。其中污染物重金属锰，TEST 软件不能输出 LD_{50} 值预测结果，改进潜在危害指数无法计算。

控制单元初筛污染物最高浓度为 Mn（$3×10^{-2}$ mg/L），最低浓度为苯并[a]芘（$1.96×10^{-5}$ mg/L），利用污染物检出浓度几何分级计算方法在检出浓度范围 $3×10^{-2}$～$1.96×10^{-5}$ 之间取 5 等份，赋予检出浓度 1～5 不同分值，赋分结果为 C_W，检出率同理。绕阳河 PJ 控制单元初筛污染物 N'、C_W、F_W 等级赋分结果见表 6-26。

表 6-26　绕阳河 PJ 控制单元初筛污染物 N'、C_w、F_w 等级赋分结果

改进潜在危害指数 N	检出浓度/(mg/L)	检出率/%	N'、C_w、F_w 赋分结果
30.0～25.8	3.00×10^{-2}～2.40×10^{-2}	80～100	5
25.8～21.6	2.40×10^{-2}～1.80×10^{-2}	60～80	4
21.6～17.4	1.80×10^{-2}～1.20×10^{-2}	40～60	3
17.4～13.2	1.20×10^{-2}～6.00×10^{-3}	20～40	2
13.2～9.0	6.00×10^{-3}～1.90×10^{-5}	0～20	1

　　根据赋分方法和评分标准，对初筛选污染物的改进潜在危害指数（N）、检出浓度、检出率指标量化处理，得到 N'、C_w、F_w 赋分结果，加和计算改进潜在危害指数总分 R，即为筛选指标 A' 值，绕阳河 PJ 控制单元初筛污染物改进潜在危害指数总分 R 计算结果如表 6-27 所示。

表 6-27　绕阳河 PJ 控制单元初筛污染物改进潜在危害指数总分 R 计算结果

污染物名称	N	N'	C_w	F_w	R
Cr	30	5	0	0	15
As	25	4	0	0	12
Pb	22	4	1	5	18
Cu	20	3	4	5	18
Cd	30	5	1	5	21
Hg	30	5	1	5	21
Mn	—	—	5	5	10
苯并[a]蒽	26	5	0	0	15
苯并[a]芘	27.5	5	1	5	21
苯	13	1	0	0	5
乙氧氟草醚	9	1	1	2	6
莎稗磷	14	2	1	4	11
噁草酮	9	1	1	5	9
吡蚜酮	14	2	1	1	8
三环唑	19	3	1	5	15
丙炔噁草酮	14	2	1	3	10
井冈霉素 A	9	1	0	0	3
四氯虫酰胺	9	1	1	4	8
丙草胺	9	1	1	2	6
吡嘧磺隆	9	1	1	3	6
戊唑醇	9	1	1	5	9
肟菌酯	14	2	0	0	6
氟啶虫酰胺	19	3	1	4	14

注：标注"—"物质因其结构不满足 TEST 软件预测范围，无法实现 LD_{50} 值预测，不能计算 N 值。

（2）污染物理化性、"三致"性筛选指标赋分计算

1）污染物理化性筛选指标赋分计算

污染物理化性质对应筛选指标持久性（B'）、累积性（C）、迁移性（D）3 项指标。应用 EPI Suite 软件对控制单元优控污染物初筛清单中 23 种污染物持久性、累积性、迁移性参数 $t_{1/2}$、BCF、$LogK_{oc}$ 进行计算，将计算结果与指标临界值比较，确定筛选指标持久性（B'）、累积性（C）、迁移性（D）赋分，绕阳河 PJ 控制单元初筛污染物生殖毒性、致突变性软件输出数据见表 6-28。

表 6-28　绕阳河 PJ 控制单元初筛污染物生殖毒性、致突变性软件输出数据

污染物名称	生殖毒性数据输出	致突变系数输出	污染物名称	生殖毒性数据输出	致突变系数输出
Cr	0	0	As	0	0
Pb	0	0	Cu	0	0
Cd	0	0	Hg	0	0
Mn	0	0	苯并[a]蒽	0.69	1
苯并[a]芘	0.37	1.09	苯	0.29	0
乙氧氟草醚	0.9	0.09	莎稗磷	0.59	0.38
噁草酮	0.82	0.41	吡蚜酮	0.71	0.61
三环唑	0.56	0.98	丙炔噁草酮	0.75	0.61
井冈霉素 A	0.53	0.28	四氯虫酰胺	0.69	0.35
丙草胺	0.5	0.4	吡嘧磺隆	0.96	0.4
戊唑醇	0.69	0.35	肟菌酯	0.96	0.4
氟啶虫酰胺	0.79	0.18			

绕阳河 PJ 控制单元初筛污染物 $t_{1/2}$、BCF、$LogK_{oc}$ 计算结果见图 6-5，图中污染物序号对应表 6-24。

污染物 $t_{1/2}$ 由软件输出的 Biowin3 数值进行计算，$t_{1/2}$ 计算结果高于临界值 40d 污染物定义为持久性污染物，初筛污染物 $t_{1/2}$ 计算结果见图 6-5(a)。经计算，确定绕阳河 PJ 控制单元 23 种初筛污染物中苯并[a]蒽、苯并[a]芘、乙氧氟草醚、莎稗磷、噁草酮、四氯虫酰胺、丙草胺、吡嘧磺隆、戊唑醇、肟菌酯、氟啶虫酰胺 11 种污染物为持久性污染物。控制单元初筛污染物中持久性污染物以多环芳烃类、农药类为主，重金属类不会造成环境水体造成持久性污染。

软件计算所得 BCF 数据作为累积性判别依据，BCF 计算结果大于 2000 污染物定义为累积性污染物，初筛污染物 BCF 计算结果见图 6-5(b)。经计算，确定 23 种初筛污染物中苯并[a]蒽、苯并[a]芘 2 种多环芳烃类类物质具有累积性，重金属类与农药类不对环境造成累积性污染。

软件计算所得 $LogK_{oc}$ 数据作为迁移性判别依据，$LogK_{oc}$ 计算结果小于 2.18 污染物定义为迁移性污染物，初筛污染物 $LogK_{oc}$ 计算结果见图 6-5(c)。经计算，确定 23 种初筛污染物中 Cr、As、Pb、Cu、Cd、Hg、Mn、苯、丙炔噁草酮、吡

嘧磺隆、氟啶虫酰胺 11 种污染物具有迁移性，控制单元内迁移性污染物以重金属类为主，而控制单元内多环芳烃类物质不具有迁移性。

综上所述，绕阳河 PJ 控制单元有毒有害污染物理化性质以持久性、迁移性为主要风险。

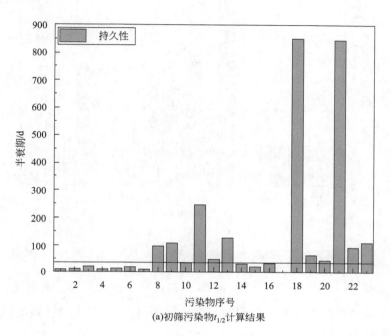

(a)初筛污染物$t_{1/2}$计算结果

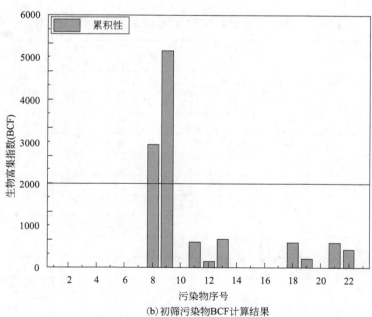

(b)初筛污染物BCF计算结果

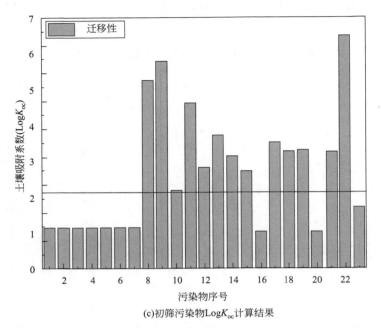

(c)初筛污染物LogK_{oc}计算结果

图 6-5 绕阳河 PJ 控制单元初筛污染物 $t_{1/2}$、BCF、Log K_{oc} 计算结果

依据上述绕阳河 PJ 控制单元 23 种初筛污染物持久性、累积性、迁移性判定结果，对筛选指标 B'、C、D 进行赋分，绕阳河 PJ 控制单元筛选指标 B'、C、D 赋分结果见表 6-29。

表 6-29 绕阳河 PJ 控制单元筛选指标 B'、C、D 赋分结果

污染物名称	Biowin3	$t_{1/2}$/d	持久性 (B')赋分	BCF	累积性 (C)赋分	LogK_{oc}	迁移性 (D)赋分
Cr	3.08	11.03	0	3.16	0	1.12	6
As	3.03	12.26	0	3.16	0	1.12	6
Pb	2.74	20.75	0	3.16	0	1.12	6
Cu	3.06	11.56	0	3.16	0	1.12	6
Cd	2.95	14.10	0	3.16	0	1.12	6
Hg	2.76	20.20	0	3.16	0	1.12	6
Mn	3.01	12.70	0	3.16	0	1.12	6
苯并[a]蒽	1.90	98.57	6	2934.00	6	5.25	0
苯并[a]芘	1.84	108.70	6	5147.00	6	5.77	0
苯	2.44	36.10	0	11.81	0	2.16	6
乙氧氟草醚	1.39	247.97	6	613.60	0	4.60	0
莎稗磷	2.28	48.60	6	151.60	0	2.80	0
噁草酮	1.75	128.16	6	682.40	0	3.70	0
吡蚜酮	2.50	32.07	0	3.16	0	3.12	0
三环唑	2.71	22.14	0	6.15	0	2.71	0

续表

污染物名称	Biowin3	$t_{1/2}/d$	持久性 (B')赋分	BCF	累积性 (C)赋分	$LogK_{oc}$	迁移性 (D)赋分
丙炔噁草酮	2.471	34.09	0	3.16	0	1.00	6
井冈霉素 A	3.87	2.61	0	3.16	0	3.51	0
四氯虫酰胺	0.73	850.82	6	603.10	0	3.24	0
丙草胺	2.12	64.65	6	228.60	0	3.28	0
吡嘧磺隆	2.31	46.14	6	3.35	0	1.00	6
戊唑醇	0.73	850.82	6	603.10	0	3.24	0
肟菌酯	1.92	93.50	6	432.60	0	6.48	0
氟啶虫酰胺	1.83	111.38	6	3.16	0	1.70	6

2）污染物"三致"性赋分计算

筛选指标"三致"性（E）包括致癌性、致畸性、致突变性 3 项指标，应用 Lazar 软件对污染物污染物致癌性及重金属致突变性计算，TEST 软件对有机污染物致畸性、致突变性进行计算，重金属致畸性 2 款软件均无法进行预测，故查阅相关文献获得。经过计算得到 3 项指标赋分结果，对结果加和，确定 23 种初筛污染物筛选指标 E 赋分结果。

绕阳河 PJ 控制单元初筛污染物"三致"性计算结果如图 6-6 所示，图中污染物序号对应表 6-24。

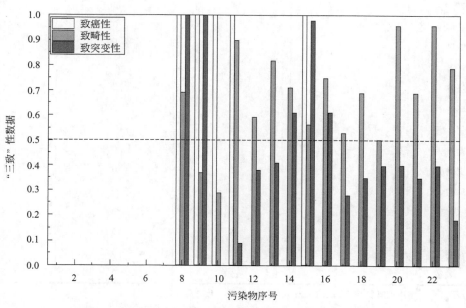

图 6-6　饶阳河 PJ 控制单元初筛污染物"三致"性计算结果

由图可得，控制单元 23 种初筛污染物中苯并 [a] 蒽、苯并 [a] 芘、苯、乙氧氟草醚、三环唑 5 种物质具有致癌性，苯并 [a] 蒽、乙氧氟草醚、莎稗磷、噁草酮、吡蚜酮、三环唑、丙炔噁草酮、井冈霉素 A、四氯虫酰胺、吡嘧磺隆、戊唑醇、肟菌酯、氟啶虫酰胺 13 种物质具有致畸性，苯并 [a] 蒽、苯并 [a] 芘、吡蚜酮、三环唑、丙炔噁草酮 5 种污染物具有致突变性，苯并 [a] 蒽、三环唑 2 种物质具有"三致"性。

综上所述，绕阳河 PJ 控制单元污染物"三致"性以致畸性为主要风险。

依据上述 23 种初筛污染物"三致"性判定结果，对筛选指标 E 进行赋分，绕阳河 PJ 控制单元污染物筛选指标 E 赋分结果见表 6-30。

表 6-30 绕阳河 PJ 控制单元污染物筛选指标 E 赋分结果

污染物名称	致癌性赋分	生殖毒性赋分	致突变赋分	总分
Cr	0	0	0	0
As	0	0	0	0
Pb	0	0	0	0
Cu	0	0	0	0
Cd	0	0	0	0
Hg	0	0	0	0
Mn	0	0	0	0
苯并[a]蒽	2	2	2	6
苯并[a]芘	2	0	2	4
苯	2	0	0	2
乙氧氟草醚	2	2	0	4
莎稗磷	0	2	0	2
噁草酮	—	2	0	2
吡蚜酮	0	2	2	4
三环唑	2	2	2	6
丙炔噁草酮	—	2	2	4
井冈霉素 A	—	2	0	2
四氯虫酰胺	—	2	0	2
丙草胺	—	0	0	0
吡嘧磺隆	—	2	0	2
戊唑醇	—	2	0	2
肟菌酯	—	2	0	2
氟啶虫酰胺	—	2	0	2

注：标注"—"物质因其结构不满足 Lazar 软件预测范围，无法实现预测。

（3）优控污染物清单

计算初筛清单中污染物筛选指标改进潜在危害指数总分、持久性、累积性、迁移性、"三致"性得分及参照中国和美国优控污染物清单确定筛选指标 F、G 得分，绕阳河 PJ 控制单元污染物各指标得分见表 6-31。

表 6-31　绕阳河 PJ 控制单元污染物各指标得分

污染物名称	A'	B'	C	D	E	F	G
苯并[a]芘	21	6	6	0	4	6	6
Cd	21	0	0	6	0	6	6
Hg	21	0	0	6	0	6	6
苯并[a]蒽	15	6	6	0	6	0	6
Mn	15	6	6	0	4	0	6
Pb	18	0	0	6	0	6	6
Cu	18	0	0	6	0	6	6
氟啶虫酰胺	14	6	0	6	2	0	0
Cr	15	0	0	6	0	6	6
三环唑	15	0	0	0	4	0	0
莎稗磷	11	6	0	0	2	0	0
As	12	0	0	0	0	6	6
丙炔噁草酮	10	0	0	0	4	0	0
噁草酮	9	6	0	0	2	0	0
戊唑醇	9	6	0	0	2	0	0
吡嘧磺隆	7	6	0	6	2	0	0
四氯虫酰胺	8	6	0	0	2	0	0
乙氧氟草醚	6	6	0	0	4	0	0
吡蚜酮	8	0	0	0	4	0	0
肟菌酯	6	6	0	0	2	0	0
丙草胺	6	6	0	0	0	0	0
苯	5	0	0	6	2	6	3
井冈霉素 A	3	0	0	0	2	0	0

加和筛选指标得分，计算污染物综合得分，按综合得分高低确定绕阳河 PJ 控制单元 23 种初筛污染物排序，绕阳河 PJ 控制单元污染物综合评分排序见表 6-32。

表 6-32　绕阳河 PJ 控制单元污染物综合评分排序

排序	污染物名称	总分	排序	污染物名称	总分
1	苯并[a]芘	11.33	13	丙炔噁草酮	5.09
2	Cd	9.18	14	噁草酮	4.77
3	Hg	9.18	15	戊唑醇	4.77
4	苯并[a]蒽	9.06	16	吡嘧磺隆	4.38
5	Mn	8.74	17	四氯虫酰胺	4.37
6	Pb	7.96	18	乙氧氟草醚	3.87
7	Cu	7.96	19	吡蚜酮	3.86
8	氟啶虫酰胺	7.21	20	肟菌酯	3.56
9	Cr	6.75	21	丙草胺	3.24
10	三环唑	6.70	22	苯	3.02
11	莎稗磷	5.58	23	井冈霉素 A	1.52
12	As	5.53			

由绕阳河 PJ 控制单元污染物综合得分计算结果得到 6 种优控污染物，绕阳河 PJ 控制单元优控污染物清单见表 6-33。

表 6-33 绕阳河 PJ 控制单元优控污染物清单

控制单元	种类	优控污染物
绕阳河 PJ 控制单元	重金属类（4 种）	Cd、Hg、Pb、Mn
	多环芳烃类（2 种）	苯并[a]芘、苯并[a]蒽

6.3 典型点源污染控制单元优控污染物筛选

6.3.1 污染物初步筛选

太子河 XWJ 控制单元位于辽宁省辽阳市，控制单元内主要流域有太子河干流，太子河是辽河流域点源污染最严重的河段。辽阳市位于太子河中上游，是辽宁省化学、化纤工业基地，造成太子河辽阳段水环境的污染。控制单元内流域受辽南冶金、化工、造纸等高排放重污染工业企业污染废水排放影响。

对控制单元内点源污染企业进行调研，识别点源污染企业有辽宁庆阳特种化工有限公司、辽阳工业纸板厂、中国石油辽阳石化分公司等 12 家，这些企业主要从事化纤加工业务，以石油为原料，以裂解、精炼、分馏、加氢重整、聚合、纺丝与黏胶等加工工艺为主，生产废水成分复杂，水质水量波动大，含有醛类、氰类、苯类等有毒物质，易对微生物产生毒害作用，是典型的难降解有机工业废水，对控制单元水体环境造成巨大威胁。

以控制单元重点排污企业中辽宁庆阳特种化工有限公司作为化工行业典型排污企业，对其工艺节点废水排放中存在风险污染物资料进行收集，辽宁庆阳特种化工有限公司工艺节点风险污染物见表 6-34，从结果可得苯系物、苯酚类、醛类 23 种有机污染物为工艺节点废水风险污染物，其中 1,3-二硝基苯、2-硝基甲苯、3-硝基苯甲醛、3-硝基甲苯、4-甲基-2-硝基苯酚、4-硝基甲苯、间硝基苯胺和邻甲基苯胺 8 种有机污染物在出水废水中检出。

表 6-34 辽宁庆阳特种化工有限公司工艺节点风险污染物

类别	污染物名称
苯系物（14 种）	2-硝基甲苯、3-硝基甲苯、4-硝基甲苯、1,4-二硝基苯、1,3-二硝基苯、2,5-二硝基甲苯、1-甲基-2,3-二硝基苯、3-氨基-2-硝基苯、1-甲基-3,5-二硝基苯、3,4-二硝基甲苯、2,4,6-三硝基甲苯、4-氨基-2,6-二硝基甲苯、亚胺联苯、2-氨基-4,6-二硝基甲苯
苯酚类（7 种）	4-甲基-2-硝基苯酚、2-甲基-3-硝基苯酚、间硝基苯胺、4-甲基-2-硝基苯胺、2-甲基-3-硝基苯胺、邻甲基苯胺、2-甲基-4-硝基苯胺
醛类（2 种）	2-硝基苯甲醛、3-硝基苯甲醛

以辽宁庆阳特种化工有限公司工艺节点风险污染物为基础，检索化工企业典型特征污染物数据库，结合太子河流域有机污染物污染研究历程，确定多环芳烃类物质 15 种、苯酚类物质 12 种、苯系物类 15 种、邻苯二甲酸酯类 5 种、苯胺类 2 种、杂环类 8 种为初筛优控污染物。太子河 XWJ 控制单元优控污染物初筛清单见表 6-35。

表 6-35　太子河 XWJ 控制单元优控污染物初筛清单

序号	污染物名称	序号	污染物名称	序号	污染物名称
1	苯并[a]蒽	20	2,4-二叔丁基苯酚	39	1,2,4-三甲基苯
2	苯并[a]芘	21	2,6-二叔丁基对苯酚	40	苯乙酮
3	苟	22	3,4-二甲基苯酚	41	1,2-二乙基苯
4	2-甲基萘	23	2,4-二甲基苯酚	42	邻苯二甲酸
5	萘	24	2,5-二甲基苯酚	43	邻苯二甲酸二异丁酯
6	苊烯	25	4-甲氧基苯酚	44	邻苯二甲酸二丁酯
7	1-甲基萘	26	2,4,6-三甲基苯酚	45	邻苯二甲酸二乙酯
8	1,2,3,4-四氢萘	27	4-甲基-2-硝基苯酚	46	邻苯二甲酸(2-乙基己基)酯
9	菲	28	2-硝基甲苯	47	邻苯二甲酸丁苄酯
10	苊	29	3-硝基甲苯	48	2-萘胺
11	茚	30	3-硝基苯甲醛	49	邻甲基苯胺
12	芘	31	1,3-二硝基苯	50	2-甲基吡啶
13	荧蒽	32	4-硝基甲苯	51	2-甲基喹啉
14	菌	33	苯甲醛	52	2-甲基戊二腈
15	蒽	34	对甲基苯乙烯	53	3-氰基吡啶
16	2,6-二甲苯酚	35	1,3-二乙基苯	54	2-甲基吲哚
17	邻甲酚	36	1,3,5-三甲基苯	55	2,4,6-三甲基吡啶
18	间甲基苯酚	37	苯骈三氮唑	56	二苯并吡啶
19	愈创木酚(2-甲氧苯酚)	38	丙基苯	57	间苯二甲腈

6.3.2　初筛污染物定量分析

为确定太子河 XWJ 控制单元内污染物初筛清单中污染物实际暴露情况，选择控制单元流域内 3 个点位，在枯水期 11 月份、平水期 4 月份、丰水期 8 月份对控制单元初筛污染物定量检测。依据检测结果确定筛选指标改进潜在危害指数总分中污染物检出浓度、检出率赋值。综合考虑太子河 XWJ 控制单元内水体太子河干流、汤河支流等水质、水量情况，采样点分别布设在控制单元上游太子河流入控制单元处、控制单元内汤河汇流下游处、控制单元末端太子河干流流出控制单元处。

初筛污染物中控制单元检测出多环芳烃类物质苯并[a]芘平均浓度为 1.80×

$10^{-3}\mu g/L$，检出率为 55.6%。污染物检测结果比对太子河"十二五"期间有机物污染情况，表明太子河辽阳段有机污染物治理效果明显，点源污染有机物集中处理效果好。虽初筛清单中其他有机污染物未在控制单元流域中检出，但仍具有突发风险性，这也体现了优控污染物的筛选不仅有利于现阶段流域有毒有害污染物排放企业的管理，更为突发水风险事故提供预警。

6.3.3 优控污染物筛选

（1）改进潜在危害指数总分计算

筛选指标改进潜在危害指数总分（A'）由改进潜在危害指数赋分、检出浓度赋分、检出率赋分三部分组成。依据 TEST 软件计算污染物 LD_{50} 数值，太子河 XWJ 控制单元初筛污染物软件输入支持数据见表 6-36。

表 6-36 太子河 XWJ 控制单元初筛污染物软件输入支持数据

污染物	CAS 登记号	Smile 结构
苯并[a]蒽	56-55-3	c(c(c(c(c1)ccc2)c2)cc(c3cc4)c4)(c1)c3
苯并[a]芘	50-32-8	c(c(c(cc1)ccc2)c2cc3)(c3cc(c4ccc5)c5)c14
芴	86-73-7	c(c(c(c1ccc2)c2)ccc3)(c3)C1
2-甲基萘	91-57-6	c(c(ccc1C)ccc2)(c2)c1
萘	91-20-3	c(c(ccc1)ccc2)(c1)c2
苊烯	208-96-8	c1ccc2cccc3c2c1C＝C3
1-甲基萘	90-12-0	c(c(c(cc1)C)ccc2)(c2)c1
1,2,3,4-四氢萘	119-64-2	c(c(c(ccc1)CCC2)(c1)C2
菲	85-01-8	c(c(c(c(c1)ccc2)c2)ccc3)(c1)c3
苊	83-32-9	c(c(ccc1)ccc2)(c1CC3)c23
茚	95-13-6	c(c(C＝C1)ccc2)(c2)C1
芘	129-00-0	c(c(c(cc1)ccc2)c2cc3)(c1ccc4)c34
荧蒽	206-44-0	c(c(c(ccc1)ccc2)(c1c(c3ccc4)c4)c23
䓛	218-01-9	c1ccc2ccc3c4ccccc4ccc3c2c1
蒽	120-12-7	c(c(ccc1)cc(c2ccc3)c3)(c1)c2
2,6-二甲基苯酚	576-26-1	Oc(c(ccc1)C)c1C
邻甲酚	95-48-7	Oc(c(ccc1)C)c1
间甲基苯酚	108-39-4	Oc(cccc1C)c1
愈创木酚（2-甲基苯酚）	90-05-1	O(c(c(O)ccc1)c1)C
2,4-二叔丁基苯酚	96-76-4	Oc(c(cc(c1)C(C))C)C(C)(C)C)c1
2,6-二叔丁基对苯酚	128-39-2	Oc(c(ccc1)C(C)(C)C)c1C(C)(C)C
3,4-二甲基苯酚	95-65-8	Oc(ccc(c1C)C)c1
2,4-二甲基苯酚	105-67-9	Oc(c(cc(c1)C)C)c1
2,5-二甲基苯酚	95-87-4	Oc(c(ccc1C)C)c1
4-甲氧基苯酚	150-76-5	O(c(c(ccc(O)c1)c1)C

污染物	CAS登记号	Smile结构
2,4,6-三甲基苯酚	527-60-6	Oc(c(cc(c1)C)C)c1C
4-甲基-2-硝基苯酚	119-33-5	O=N(=O)c(c(O)ccc1C)c1
2-硝基甲苯	88-72-2	N(=O)(=O)c(c(ccc1)C)c1
3-硝基甲苯	99-08-1	N(=O)(=O)c(cccc1)c1
3-硝基苯甲醛	99-61-6	O=Cc(cccc1N(=O)(=O))c1
1,3-二硝基苯	99-65-0	N(=O)(=O)c(cccc1N(=O)(=O))c1
4-硝基甲苯	99-99-0	N(=O)(=O)c(ccc(c1)C)c1
苯甲醛	100-52-7	O=Cc(cccc1)c1
对甲基苯乙烯	622-97-9	c(ccc(c1)C=C)(c1)C
1,3-二乙基苯	141-93-5	c(cccc1CC)(c1)CC
1,3,5-三甲基苯	108-67-8	c(cc(cc1C)C)(c1)C
苯骈三氮唑	95-14-7	c1ccc2nnnc2c1
丙基苯	103-65-1	c(cccc1)(c1)CCC
1,2,4-三甲基苯	95-63-6	c(ccc(c1C)C)(c1)C
苯乙酮	98-86-2	O=C(c(cccc1)c1)C
1,2-二乙基苯	135-01-3	CCc1ccccc1CC
邻苯二甲酸	88-99-3	O=C(O)c(c(ccc1)C(=O)O)c1
邻苯二甲酸二异丁酯	84-69-5	O=C(OCC(C)C)c(c(ccc1)C(=O)OCC(C)C)c1
邻苯二甲酸二丁酯	84-74-2	O=C(OCCCC)c(c(ccc1)C(=O)OCCCC)c1
邻苯二甲酸二乙酯	84-66-2	O=C(OCC)c(c(ccc1)C(=O)OCC)c1
邻苯二甲酸（2-乙基己基)酯	117-81-7	O=C(OCC(CCCC)CC)c(c(ccc1)C(=O)OCC(CCCC)CC)c1
邻苯二甲酸丁苄酯	85-68-7	O=C(OCc(cccc1)c1)c(c(ccc2)C(=O)OCCCC)c2
2-萘胺	91-59-8	c(c(ccc1N)ccc2)(c2)c1
3,4-二甲基苯酚	95-65-8	Oc(ccc(c1C)C)c1
邻甲基苯胺	95-53-4	Nc(c(ccc1)C)c1
2-甲基吡啶	109-06-8	n(c(ccc1)C)c1
2-甲基喹啉	91-63-4	n(c(c(ccc1)cc2)c1)c2C
2-甲基戊二腈	4553-62-2	N#CC(CCC#N)C
3-氰基吡啶	100-54-9	N#Cc(cccn1)c1
2-甲基吲哚	95-20-5	c1ccc2cc(C)nc2c1
2,4,6-三甲基吡啶	108-75-8	n(c(cc(c1)C)C)c1C
二苯并吡啶	260-94-6	n(c(c(ccc1)cc2cccc3)c1)c23
间苯二甲腈	626-17-5	N#Cc(cccc1C#N)c1

　　计算太子河 XWJ 控制单元 57 种初筛污染物改进潜在危害指数范围在 28（芴）～6［邻苯二甲酸（2-乙基己基）酯］。利用改进潜在危害指数几何分级计算方法在 28～6 范围内取 5 等份，赋予改进潜在危害指数 1～5 不同分值，赋分结果为 N'。

控制单元初筛污染物苯并 [a] 芘平均检出浓度为 $1.80 \times 10^{-3} \mu g/L$，赋分结果为 C_W 值 5 分，检出率为 55.6%，赋分结果为 F_W 值 3 分。太子河 XWJ 控制单元初筛污染物 N'、C_W、F_W 等级赋分结果见表 6-37。

表 6-37 太子河 XWJ 控制单元初筛污染物 N'、C_W、F_W 等级赋分结果

改进潜在危害指数 N	检出浓度/($\mu g/L$)	检出率/%	N'、C_W、F_W 赋分结果
23.6~28	1.8×10^{-3}	—	5
19.2~23.6	—	—	4
14.8~19.2	—	55.6	3
10.4~14.8	—	—	2
6.0~10.4	—	—	1

根据赋分方法和评分标准，对初筛选污染物的改进潜在危害指数赋分、检出浓度、检出率指标量化处理，得到 N'、C_W、F_W 赋分结果，计算得到改进潜在危害指数总分 R，即为筛选指标 A' 值，太子河 XWJ 控制单元初筛污染物改进潜在危害指数总分 R 计算结果如表 6-38 所示。

表 6-38 太子河 XWJ 控制单元初筛污染物改进潜在危害指数总分 R 计算结果

污染物名称	N	N'	R	污染物名称	N	N'	R
苯并[a]蒽	26	5	15	苯并[a]芘	27.5	5	23 *
芴	28	5	15	2-甲基萘	22	4	12
萘	16	3	9	茚烯	16	3	9
1-甲基萘	16	3	9	1,2,3,4-四氢萘	14	2	6
菲	16	3	9	茚	16	3	9
茆	10	1	3	芘	10	1	3
荧蒽	10	1	3	蒳	10	1	3
蒽	10	1	3	2,6-二甲基苯酚	20	4	12
邻甲酚	22	2	6	间甲基苯酚	18	3	9
愈创木酚	16	3	9	2,4-二叔丁基苯酚	10	1	3
2,6-二叔丁基对苯酚	16	3	9	3,4-二甲基苯酚	16	3	9
2,4-二甲基苯酚	14	2	6	2,5-二甲基苯酚	16	3	9
4-甲氧基苯酚	16	3	9	2,4,6-三甲基苯酚	10	1	3
4-甲基-2-硝基苯酚	10	1	3	2-硝基甲苯	16	3	9
3-硝基甲苯	16	3	9	3-硝基苯甲醛	14	2	6
1,3-二硝基苯	22	4	12	4-硝基甲苯	10	1	3
苯甲醛	16	3	9	对甲基苯乙烯	10	1	3
1,3-二乙基苯	10	1	3	1,3,5-三甲基苯	10	1	3
苯骈三氮唑	16	3	9	丙基苯	10	1	3
1,2,4-三甲基苯	10	1	3	苯乙酮	8	1	3
1,2-二乙基苯	10	1	3	邻苯二甲酸	9	1	3
邻苯二甲酸二异丁酯	15	3	9	邻苯二甲酸二丁酯	10	1	3
邻苯二甲酸二乙酯	10	1	3	邻苯二甲酸(2-乙基己基)酯	6	1	3
邻苯二甲酸丁苄酯	10	1	3	2-萘胺	16	3	9
邻甲基苯胺	16	3	9	2-甲基吡啶	16	3	9
2-甲基喹啉	8	1	3	2-甲基戊二腈	16	3	9
3-氰基吡啶	16	3	9	2-甲基吲哚	18	3	9
2,4,6-三甲基吡啶	16	3	9	二苯并吡啶	10	1	3
间苯二甲腈	10	1	3				

注：标注 * 号污染物计算过程为 $3 \times N' + C_W + F_W$，计算结果为 $3 \times 5 + 5 + 3 = 23$。

（2）污染物理化性、"三致"性筛选指标赋分计算

1）污染物理化性筛选指标赋分计算

污染物理化性质对应筛选指标持久性（B'）、累积性（C）、迁移性（D）3项指标。应用 EPI Suite 软件对太子河 XWJ 控制单元优控污染物初筛清单中57种污染物持久性、累积性、迁移性参数 $t_{1/2}$、BCF、LogK_{oc} 进行计算，将计算结果临界值比较，确定选因子持久性（B'）、累积性（C）、迁移性（D）赋分，太子河 XWJ 控制单元初筛污染物生殖毒性、致突变性软件输出数据见表 6-39。

表 6-39　太子河 XWJ 控制单元初筛污染物生殖毒性、致突变性软件输出数据

污染物名称	生殖毒性数据输出	致突变系数输出	污染物名称	生殖毒性数据输出	致突变系数输出
苯并[a]蒽	0.69	1	苯并[a]芘	0.37	1.09
芴	0.3	0	2-甲基萘	0.24	0
萘	0.2	0	茚烯	0.39	0.21
1-甲基萘	0.47	0	1,2,3,4-四氢萘	0.25	0
菲	0.18	0.57	苊	0.31	0
茚	0.26	0.01	芘	0	0.87
荧蒽	0.74	0.94	䓛	0.63	1
蒽	0	0.65	2,6-二甲基苯酚	0.66	0
邻甲酚	0.62	0	间甲基苯酚	0.67	0
愈创木酚	0.71	0	2,4-二叔丁基苯酚	0.79	0.03
2,6-二叔丁基对苯酚	0.48	0	3,4-二甲基苯酚	0.17	0
2,4-二甲基苯酚	0.2	1	2,5-二甲基苯酚	0.81	0
4-甲氧基苯酚	0.7	0	2,4,6-三甲基苯酚	0.45	0.84
4-甲基-2-硝基苯酚	0.21	0.53	2-硝基甲苯	0.23	0
3-硝基甲苯	0.13	0	3-硝基苯甲醛	0.34	1
1,3-二硝基苯	0.45	1	4-硝基甲苯	0.27	0
苯甲醛	0.15	0	对甲基苯乙烯	0.2	0
1,3-二乙基苯	0.41	0	1,3,5-三甲基苯	0.23	0
苯骈三氮唑	0.8	1	丙基苯	0.35	0
1,2,4-三甲基苯	0.32	0	苯乙酮	0.27	0
1,2-二乙基苯	0.39	0	邻苯二甲酸	0.53	0
邻苯二甲酸二异丁酯	0.59	0	邻苯二甲酸二丁酯	0.49	0
邻苯二甲酸丁苄酯	0.81	0	2-萘胺	0.34	1
邻甲基苯胺	0.58	0.35	2-甲基吡啶	0.28	0
2-甲基喹啉	0.58	1	2-甲基戊二腈	0.5	1
3-氰基吡啶	0.05	0.02	2-甲基吲哚	0.66	0.24
2,4,6-三甲基吡啶	0.35	0.42	二苯并吡啶	0.34	1
间苯二甲腈	0.38	0			

太子河 XWJ 控制单元初筛污染物 $t_{1/2}$、BCF、LogK_{oc} 计算结果见图 6-7，图中污染物序号对应表 6-35。

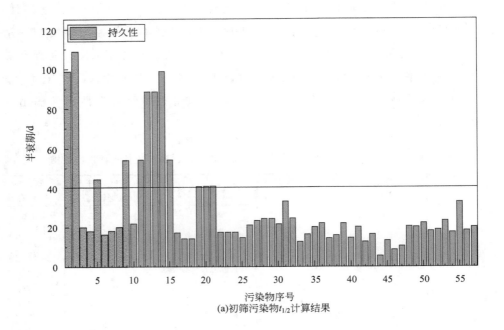

(a)初筛污染物$t_{1/2}$计算结果

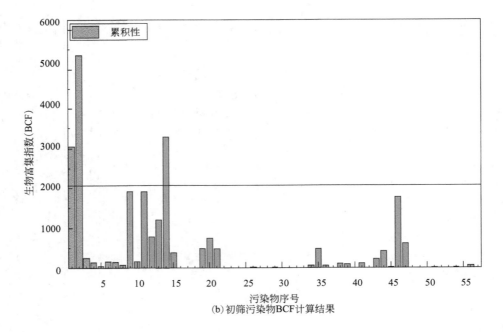

(b)初筛污染物BCF计算结果

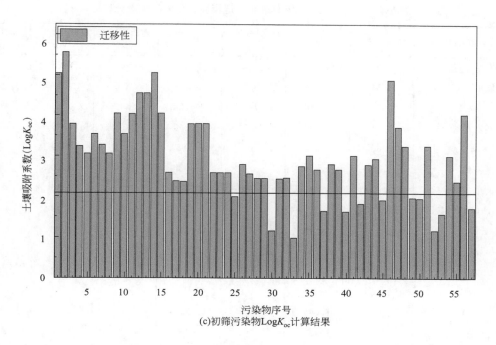

图 6-7　太子河 XWJ 控制单元初筛污染物 $t_{1/2}$、BCF、LogK_{oc} 计算结果

污染物 $t_{1/2}$ 由软件输出的 Biowin3 数值进行计算，$t_{1/2}$ 计算结果高于临界值 40d 污染物定义为持久性污染物，初筛污染物 $t_{1/2}$ 计算结果见图 6-7(a)，经计算，确定太子河 XWJ 控制单元 57 种初筛污染物中苯并 [a] 蒽、苯并 [a] 芘、萘、菲、苊、芘、荧蒽、䓛、蒽、愈创木酚（2-甲基苯酚）、2,4-二叔丁基苯酚、2,6-二叔丁基对苯酚 9 种污染物为持久性污染物。

软件计算所得 BCF 数据作为累积性判别依据，BCF 计算结果大于 2000 污染物定义为累积性污染物，初筛污染物 BCF 计算结果见图 6-7(b)。经计算，确定 57 种初筛污染物中苯并 [a] 蒽、苯并 [a] 芘、䓛 3 种多环芳烃类物质具有累积性。

软件计算所得 LogK_{oc} 数据作为迁移性判别依据，LogK_{oc} 计算结果小于 2.18 污染物定义为迁移性性污染物，初筛污染物 LogK_{oc} 计算结果见图 6-7(c)。经计算，确定 57 种初筛污染物中 4-甲氧基苯酚、3-硝基苯甲醛、苯甲醛、苯乙酮、邻苯二甲酸二甲酯、邻甲基苯胺、2-甲基吡啶、甲基戊二腈、3-氰基吡啶、间苯二甲腈 10 种污染物具有迁移性。

综上所述，太子河 XWJ 控制单元有毒有害污染物理化性质以迁移性为主要风险。

依据 57 种初筛污染物持久性、累积性、迁移性判定结果，太子河 XWJ 控制单元筛选指标 B'、C、D 赋分结果见表 6-40。

表 6-40 太子河 **XWJ** 控制单元筛选指标 B'、C、D 赋分结果

污染物名称	Biowin3	$t_{1/2}/d$	持久性(B')赋分	BCF	累积性(C)赋分	$LogK_{oc}$	迁移性(D)赋分
苯并[a]蒽	1.90	98.57	6	2934.00	6	5.25	0
苯并[a]芘	1.84	108.70	6	5147.00	6	5.77	0
芴	2.76	20.16	0	266.20	0	3.96	0
2-甲基萘	2.81	18.28	0	163.60	0	3.39	0
萘	2.33	44.26	6	69.88	0	3.19	0
苊烯	2.86	16.59	0	184.80	0	3.70	0
1-甲基萘	2.81	18.28	0	166.10	0	3.40	0
1,2,3,4-四氢萘	2.76	20.14	0	93.26	0	3.19	0
菲	2.22	54.26	6	1865.00	0	4.22	0
苊	2.71	22.03	0	179.20	0	3.70	0
蒽	2.22	54.26	6	1865.00	0	4.22	0
芘	1.95	88.65	6	770.60	0	4.74	0
荧蒽	1.95	88.65	6	1179.00	0	4.74	0
䓛	1.90	98.57	6	3165.00	6	5.26	0
蒽	2.22	54.26	6	401.00	0	4.21	0
2,6-二甲基苯酚	2.84	17.43	0	16.75	0	2.70	0
邻甲酚	2.94	14.34	0	8.99	0	2.49	0
间甲基苯酚	2.94	14.34	0	9.12	0	2.48	0
愈创木酚(2-甲基苯酚)	2.38	40.72	6	491.20	0	3.96	0
2,4-二叔丁基苯酚	2.38	40.72	6	740.20	0	3.96	0
2,6-二叔丁基对苯酚	2.38	40.72	6	491.20	0	3.96	0
3,4-二甲基苯酚	2.84	17.43	0	13.75	0	2.69	0
2,4-二甲基苯酚	2.84	17.43	0	15.29	0	2.69	0
2,5-二甲基苯酚	2.84	17.43	0	16.01	0	2.69	0
4-甲氧基苯酚	2.92	14.84	0	3.96	0	2.08	6
2,4,6-三甲基苯酚	2.73	21.18	0	29.39	0	2.91	0
4-甲基-2-硝基苯酚	2.67	23.54	0	17.01	0	2.68	0
2-硝基甲苯	2.65	24.47	0	15.29	0	2.57	0
3-硝基甲苯	2.65	24.47	0	19.21	0	2.56	0
3-硝基苯甲醛	2.72	21.66	0	4.33	0	1.24	6
1,3-二硝基苯	2.49	33.05	0	4.47	0	2.55	0
4-硝基甲苯	2.65	24.47	0	17.01	0	2.56	0
苯甲醛	3.01	12.67	0	4.40	0	1.05	6
对甲基苯乙烯	2.86	16.57	0	86.74	0	2.86	0
1,3-二乙基苯	2.75	20.31	0	481.20	0	3.14	0
1,3,5-三甲基苯	2.71	22.02	0	83.85	0	2.78	0

续表

污染物名称	Biowin3	$t_{1/2}$/d	持久性(B')赋分	BCF	累积性(C)赋分	LogK_{oc}	迁移性(D)赋分
苯骈三氮唑	2.94	14.50	0	4.14	0	1.72	6
丙基苯	2.88	16.05	0	126.40	0	2.91	0
1,2,4-三甲基苯	2.71	22.02	0	115.40	0	2.79	0
苯乙酮	2.93	14.57	0	1.33	0	1.72	6
1,2-二乙基苯	2.75	20.31	0	132.30	0	3.14	0
邻苯二甲酸二甲酯	3.01	12.70	0	3.16	0	1.91	6
邻苯二甲酸二异丁酯	2.86	16.53	0	239.20	0	2.91	0
邻苯二甲酸二丁酯	3.46	5.51	0	432.60	0	3.06	0
邻苯二甲酸二乙酯	2.99	13.16	0	18.35	0	2.02	0
邻苯二甲酸(2-乙基己基)酯	3.21	8.70	0	1712.00	0	5.08	0
邻苯二甲酸丁苄酯	3.11	10.53	0	613.60	0	3.86	0
2-萘胺	2.75	20.50	0	14.84	0	3.39	0
邻甲基苯胺	2.75	20.32	0	3.45	0	2.06	6
2-甲基吡啶	2.70	22.21	0	2.51	0	2.06	6
2-甲基喹啉	2.81	18.35	0	23.76	0	3.39	0
2-甲基戊二腈	2.80	18.78	0	3.16	0	1.25	6
3-氰基吡啶	2.67	23.55	0	3.16	0	1.67	6
2-甲基吲哚	2.83	17.48	0	21.69	0	3.13	0
2,4,6-三甲基吡啶	2.49	32.80	0	8.08	0	2.47	0
二苯并吡啶	2.80	18.51	0	81.34	0	4.21	0
间苯二甲腈	2.75	20.37	0	3.16	0	1.80	6

2）污染物"三致"性筛选指标赋分计算

筛选指标"三致"性（E）包括致癌性、致畸性、致突变性 3 项指标，应用 Lazar 软件对污染物致癌性，TEST 软件对有机污染物致畸性、致突变性进行计算，得到 3 项指标赋分结果，对结果加和，确定 57 种初筛污染物筛选指标 E 赋分结果。

太子河 XWJ 控制单元初筛污染物"三致"性计算结果如图 6-8 所示，污染物序号对应表 6-35。

由图 6-8 可得，控制单元 57 种初筛污染物中苯并［a］蒽、苯并［a］芘等 38 种有机物具有致癌性，苯并［a］蒽、荧蒽等 19 种物质具有致畸性，苯并［a］蒽、苯并［a］芘等 17 种污染物具有致突变性，苯并［a］蒽、荧蒽、蒽、苯骈三氮唑 4 种物质具有"三致"性。

综上所述，太子河 XWJ 控制单元控制单元污染物"三致"性以致癌性为主要风险。

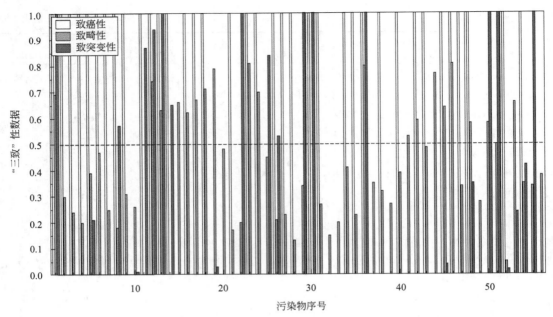

图 6-8　太子河 XWJ 控制单元初筛污染物"三致"性计算结果

依据 57 种初筛污染物"三致"性判定结果，太子河 XWJ 控制单元污染物筛选指标 E 赋分结果见表 6-41。

表 6-41　太子河 XWJ 控制单元污染物筛选指标 E 赋分结果

污染物名称	致癌性赋分	生殖毒性赋分	致突变赋分	总分
苯并[a]蒽	2	2	2	6
苯并[a]芘	2	0	2	4
芴	2	0	0	2
2-甲基萘	2	0	0	2
萘	2	0	0	2
苊烯	2	0	0	2
1-甲基萘	2	0	0	2
1,2,3,4-四氢萘	2	0	0	2
菲	2	0	2	4
苊	2	0	0	2
苘	0	0	0	0
芘	2	0	2	4
荧蒽	2	2	2	6
䓛	2	2	2	6
蒽	2	0	2	4
2,6-二甲基苯酚	0	2	0	2
邻甲酚	2	2	0	4

污染物名称	致癌性赋分	生殖毒性赋分	致突变赋分	总分
间甲基苯酚	2	2	0	4
愈创木酚(2-甲基苯酚)	2	2	0	4
2,4-二叔丁基苯酚	0	2	0	2
2,6-二叔丁基对苯酚	0	0	0	0
3,4-二甲基苯酚	2	0	0	2
2,4-二甲基苯酚	0	0	2	2
2,5-二甲基苯酚	2	2	0	4
4-甲氧基苯酚	2	2	0	4
2,4,6-三甲基苯酚	0	0	2	2
4-甲基-2-硝基苯酚	2	0	2	4
2-硝基甲苯	2	0	0	2
3-硝基甲苯	2	0	0	2
3-硝基苯甲醛	0	0	2	2
1,3-二硝基苯	2	0	2	4
4-硝基甲苯	2	0	0	2
苯甲醛	0	0	0	0
对甲基苯乙烯	0	0	0	0
1,3-二乙基苯	2	0	0	2
1,3,5-三甲基苯	2	0	0	2
苯骈三氮唑	2	2	2	6
丙基苯	0	0	0	0
1,2,4-三甲基苯	2	0	0	2
苯乙酮	0	0	0	0
1,2-二乙基苯	2	0	0	2
邻苯二甲酸	0	2	0	2
邻苯二甲酸二异丁酯	2	2	0	4
邻苯二甲酸二丁酯	2	0	0	2
邻苯二甲酸二乙酯	0	2	0	2
邻苯二甲酸(2-乙基己基)酯	2	2	0	4
邻苯二甲酸丁苄酯	2	2	0	4
2-萘胺	2	0	2	4
邻甲基苯胺	2	0	2	4
2-甲基吡啶	0	0	0	0
2-甲基喹啉	0	2	2	4
2-甲基戊二腈	—	0	2	2
3-氰基吡啶	2	0	0	2
2-甲基吲哚	—	2	0	2
2,4,6-三甲基吡啶	2	0	0	2
二苯并吡啶	0	0	2	2
间苯二甲腈	—	0	0	0

注：标注"—"物质因其结构不满足 Lazar 软件预测范围，无法实现预测。

（3）优控污染物清单

计算初筛清单中 57 种污染物筛选指标改进潜在危害指数总分、持久性、累积性、迁移性、"三致"性得分及参照中国和美国优控污染物清单确定筛选指标 F、G 得分，太子河 XWJ 控制单元初筛污染物各指标得分排序见表 6-43。

表 6-42   太子河 XWJ 控制单元初筛污染物各指标得分

污染物名称	A'	B'	C	D	E	F	G
苯并[a]芘	21	6	6	0	4	6	6
苯并[a]蒽	15	6	6	0	6	0	6
萘	9	6	0	0	2	6	6
荧蒽	3	6	0	0	6	6	6
䓛	3	6	6	0	6	0	6
菲	9	6	0	0	4	0	6
苯骈三氮唑	9	0	0	6	6	0	0
芴	15	0	0	0	2	0	6
愈创木酚（2-甲基苯酚）	9	6	0	0	4	0	0
4-甲氧基苯酚	9	0	0	6	4	0	0
邻甲基苯胺	9	0	0	6	4	0	0
2-甲基戊二腈	9	0	0	6	2	0	0
3-氰基吡啶	9	0	0	6	2	0	0
芘	3	6	0	0	4	0	6
蒽	3	6	0	0	4	0	6
1,3-二硝基苯	12	0	0	0	4	0	0
2,6-二叔丁基对苯酚	9	6	0	0	0	0	0
苯甲醛	9	0	0	6	0	0	0
2-甲基吡啶	9	0	0	6	0	0	0
2-甲基萘	12	0	0	0	2	0	0
苊	9	0	0	0	2	0	6
2,6-二甲基苯酚	12	0	0	0	2	0	0
3-硝基苯甲醛	6	B'	0	6	2	0	0
邻苯二甲酸二丁酯	3	0	0	0	2	6	6
邻苯二甲酸二乙酯	3	0	0	6	2	0	6
邻甲酚	6	0	0	0	4	0	6

污染物名称	A'	B'	C	D	E	F	G
间甲基苯酚	9	0	0	0	4	0	0
2,5-二甲基苯酚	9	0	0	0	4	0	0
邻苯二甲酸二异丁酯	9	0	0	0	4	0	0
2-萘胺	9	0	0	0	4	0	0
茚	3	6	0	0	0	0	6
苊烯	9	0	0	0	2	0	0
1-甲基萘	9	0	0	0	2	0	0
2,4-二叔丁基苯酚	3	6	0	0	2	0	0
3,4-二甲基苯酚	9	0	0	0	2	0	0
2-硝基甲苯	9	0	0	0	2	0	0
3-硝基甲苯	9	0	0	0	2	0	0
4-硝基甲苯	3	0	0	0	2	6	0
邻苯二甲酸	3	0	0	6	2	0	0
2-甲基吲哚	9	0	0	0	2	0	0
2,4,6-三甲基吡啶	9	0	0	0	2	0	0
邻苯二甲酸(2-乙基己基)酯	3	0	0	0	4	0	6
邻苯二甲酸丁苄酯	3	0	0	0	4	0	6
苯乙酮	3	0	0	6	0	0	0
间苯二甲腈	3	0	0	6	0	0	0
1,2,3,4-四氢萘	6	0	0	0	2	0	0
2,4-二甲基苯酚	6	0	0	0	2	0	0
4-甲基-2-硝基苯酚	3	0	0	0	4	0	0
2-甲基喹啉	3	0	0	0	4	0	0
2,4,6-三甲基苯酚	3	0	0	0	2	0	0
1,3-二乙基苯	3	0	0	0	2	0	0
1,3,5-三甲基苯	3	0	0	0	2	0	0
1,2,4-三甲基苯	3	0	0	0	2	0	0
1,2-二乙基苯	3	0	0	0	2	0	0
二苯并吡啶	3	0	0	0	2	0	0
对甲基苯乙烯	3	0	0	0	0	0	0
丙基苯	3	0	0	0	0	0	0

　　加和筛选指标赋分，计算污染物综合得分，按综合得分高低确定 57 种初筛污染物排序，太子河 XWJ 控制单元初筛污染物综合得分排序结果见表 6-43。

表 6-43　太子河 XWJ 控制单元初筛污染物综合得分排序结果

排序	污染物名称	总分	排序	污染物名称	总分
1	苯并[a]芘	11.19	30	2,4,6-三甲基吡啶	3.96
2	苯并[a]蒽	9.06	31	3-硝基苯甲醛	3.09
3	芴	6.49	32	邻甲酚	3.16
4	1,3-二硝基苯	5.49	33	荧蒽	3.09
5	2-甲基萘	5.17	34	1,2,3,4-四氢萘	2.74
6	2,6-二甲基苯酚	5.17	35	2,4-二甲基苯酚	2.74
7	菲	5.19	36	芘	2.76
8	愈创木酚(2-甲基苯酚)	5.09	37	蒽	2.76
9	苯骈三氮唑	5.01	38	2,4-二叔丁基苯酚	2.35
10	萘	4.89	39	茚	2.13
11	4-甲氧基苯酚	4.69	40	邻苯二甲酸二乙酯	2.05
12	邻甲基苯胺	4.69	41	邻苯二甲酸	1.95
13	2,6-二叔丁基对苯酚	4.46	42	邻苯二甲酸(2-乙基己基)酯	1.94
14	2-甲基戊二腈	4.38	43	邻苯二甲酸丁苄酯	1.94
15	3-氰基吡啶	4.38	44	4-甲基-2-硝基苯酚	1.84
16	间甲基苯酚	4.27	45	2-甲基喹啉	1.84
17	2,5-二甲基苯酚	4.27	46	苯乙酮	1.63
18	邻苯二甲酸二异丁酯	4.27	47	间苯二甲腈	1.63
19	2-萘胺	4.27	48	邻苯二甲酸二丁酯	1.65
20	苗	4.20	49	4-硝基甲苯	1.55
21	苯甲醛	4.06	50	2,4,6-三甲基苯酚	1.53
22	2-甲基吡啶	4.06	51	1,3-二乙基苯	1.53
23	苊	4.06	52	1,3,5-三甲基苯	1.53
24	苊烯	3.96	53	1,2,4-三甲基苯	1.53
25	1-甲基萘	3.96	54	1,2-二乙基苯	1.53
26	3,4-二甲基苯酚	3.96	55	二苯并吡啶	1.53
27	2-硝基甲苯	3.96	56	对甲基苯乙烯	1.21
28	3-硝基甲苯	3.96	57	丙基苯	1.21
29	2-甲基吲哚	3.96			

由太子河 XWJ 控制单元污染物综合得分计算结果，17 种污染物作为优控污染物，太子河 XWJ 控制单元优控污染物清单见表 6-44。

表 6-44　太子河 XWJ 控制单元优控污染物清单

控制单元	种类	优控污染物
太子河 XWJ 控制单元	多环芳烃类（6 种）	苯并[a]芘、苯并[a]蒽、芴、菲、萘、2-甲基萘
	杂环类（3 种）	苯骈三氮唑、2-甲基戊二腈、3-氰基吡啶
	苯酚类（6 种）	2,6-二甲基苯酚、4-甲氧基苯酚、愈创木酚（2-甲基苯酚）、2,6-二叔丁基对苯酚、间甲基苯酚、2,5-二甲基苯酚
	苯系物（2 种）	1,3-二硝基苯、邻甲基苯胺

6.4　小结

本章选取 4 个典型点源、面源、点面结合污染特征控制单元，采用结合改进潜在危害指数法的综合评分法筛选优控污染物，列出控制单元优控污染物清单。

① 利用 TEST 软件、EPI Suite 软件、Lazar 软件计算筛选指标所需参数，得到 4 个典型控制单元初筛污染物苯并[a]蒽等污染物为致畸性、持久性污染物，苯并[a]芘等为累积性污染物，苯骈三氮唑等为迁移性污染物，1-甲基萘等为致癌性污染物，重金属离子不具有致突变性。

② 对 4 个典型控制单元初筛污染物进行定量分析，浑河 YJF 控制单元内测得 2-硝基甲苯、硝基苯、苯并[a]芘 3 种初筛污染物，蒲河 PHY 控制单元内测得苯并[k]荧蒽、蒽、芴、菲、苯并[b]荧蒽、苯并[a]芘 6 种初筛污染物，绕阳河 PJ 控制单元内测得 Cr、As、Pb、Cu、Cd、Hg、Mn、苯并[a]芘、乙氧氟草醚、莎稗磷、噁草酮、吡蚜酮、三环唑 13 种初筛污染物，太子河 XWJ 控制单元内测得苯并[a]芘 1 种初筛污染物。

③ 浑河 YJF 控制单元、蒲河 PHY 控制单元为典型点面结合污染控制单元。浑河 YJF 控制单元重点排污企业有制药行业、化工行业、食品行业、石化行业、污水处理厂共 20 家，确定苯酚等 21 种有机污染物为控制单元初筛污染物，采用结合改进潜在危害指数法的综合评分法筛选确定六六六、2,4,6-三甲基苯酚、硝基苯、2-硝基甲苯、2,6-二硝基甲苯、苯并[a]芘为浑河 YJF 控制单元优控污染物。蒲河 PHY 控制单元重点排污企业有沈阳抗生素厂、沈阳格林制药等 8 家制药企业，确定 2,4-二叔丁基苯酚等 21 种有机污染物为初筛污染物，采用结合改进潜在危害指数法的综合评分法，筛选确定苯并[a]芘、苯并[k]荧蒽、苯并[b]荧蒽、苯并[g,h,i]芘、六六六、邻苯二甲酸二甲酯为蒲河 PHY 控制单元优控污染物。

④ 绕阳河 PJ 控制单元为典型面源污染控制单元。控制单元重点特征污染物是

重金属类及农药杀虫剂类，确定 Cd 等 23 种污染物为初筛污染物，采用结合改进潜在危害指数法综合评分法筛选确定 Cd、Hg、Pb、Mn、苯并 [a] 芘、苯并 [a] 蒽为绕阳河 PJ 控制单元优控污染物。

⑤ 太子河 XWJ 控制单元为典型点源污染控制单元。控制单元重点排污企业有辽宁庆阳特种化工有限公司等 12 家化工企业，确定苯并 [a] 蒽等 57 种有机污染物为控制单元初筛污染物，采用结合改进潜在危害指数法综合评分法筛选确定苯并 [a] 芘、苯并 [a] 蒽、芴、菲、萘、2-甲基萘、苯骈三氮唑、2-甲基戊二腈、3-氰基吡啶、2,6-二甲基苯酚、4-甲氧基苯酚、愈创木酚（2-甲基苯酚）、2,6-二叔丁基对苯酚、间甲基苯酚、2,5-二甲基苯酚、1,3-二硝基苯、邻甲基苯胺为太子河 XWJ 控制单元优控污染物。

附录

1　指标评价阈值划分技术

指标分类		指标名称	指标内容
基本信息		技术名称	指标评价阈值划分技术
		就绪度等级	5级
		技术简介	在开展水质评价时，用最少的指标来反映最真实的水质状况，以达到提高效率并节约人力、物力成本的效果。选择水质评价指标时，考虑比较经常超标的指标和污染分担率较大的指标
		所属课题	辽河流域水环境监管平台构建技术示范
		技术立项背景	国外发达国家和国际组织主要是根据水体的污染特征和污染程度来确定水质评价标准的限值和评价方法，并不是标准中所有项目均作为常规监测项目。同时，受经济与技术条件的限制，我国也不可能实现所有的基本项目全部进行监测，因此应当结合我国的国情，对水环境功能区的评价项目进行筛选
技术内容		技术方法原理或公式	$F(i) = 100 + 100 \times \dfrac{C(i) - C(i_0)}{C(i_0)}$ $F = \text{MAX}[F(i)]$ 式中　$C(i)$——第 i 个水质项目的监测浓度值； 　　　$C(i_0)$——第 i 个水质项目所在功能区类别标准的浓度值； 　　　F——水质项目所对应的指数值
		技术流程	依据各项水质单个项目的监测浓度值，用差值倍数方法计算得出评估指标所有评估指标的阈值，采用"合格""轻度污染""中度污染""重度污染"等表示，对不同功能区同功能区评价指标进行分级
		技术特点	对饮用水源功能区、景观水体功能区、农业水体功能区评价指标进行定性评价

2 流域生态风险评估及阈值测定技术

指标分类	指标名称	指标内容
基本信息	技术名称	流域生态风险评估及阈值测定技术
	就绪度等级	5级
	技术简介	生态风险评估通过整合暴露评估与效应评价未估计不良生态效应发生的概率，根据表征结果得出有用的结论。对所有环境相进行暴露评价和剂量（浓度）-效应（影响）评价后，进行定量或定性的风险表征。通过比较环境暴露浓度（EEC）和预测无效应浓度（PNEC），为水、沉积物和顶级捕食者分别进行定量风险表征
技术内容	所属课题	辽河流域有毒有害物污染控制技术与应用示范研究
	技术立项背景	化工、制药、冶金、石化、印染行业中的有毒有害污染物在辽河流域的污染现状不清楚。为加强辽河流域水环境风险管理，需构建合理的方法对典型行业有毒有害污染物进行生态风险评估
	技术方法原理或公式	利用风险熵值法对辽河保护区沉积物中氨氮的生态风险进行评估。针对重金属检测的平均浓度与阈值效应含量水平和可能效应含量水平进行评价，通过计算检测出的重金属数法对检测出的重金属进行生态风险评价。采用潜在生态风险指数法对检测出的重金属可能造成毒性的重金属，筛选出对沉积物底栖生物可能造成重金属类风险。最终确定重金属类风险物质清单
	技术流程	从EPA毒性数据库收集重金属对藻、蚤、鱼的急性毒性数据和慢性毒性数据，选取合适的评价因子，推算水体中重金属的PNEC。将EEC与PNEC相比，计算得到风险熵值
	技术特点	采用潜在生态风险指数法，通过计算得出的重金属进行生态风险评价

3 流域水生态风险等级划分技术

指标分类	指标名称	指标内容
基本信息	技术名称	流域水生态风险等级划分技术
	就绪度等级	5 级
	技术简介	关于流域水生态风险评估研究尚无统一的标准。综合来看，评估标准可以通过以下方法确定：历史资料法、实地考察、参照对比法、借鉴国家标准与相关研究成果、公众参与、专家评判
	所属课题	流域水生态风险评估与预警技术体系
技术内容	技术立项背景	围绕构建流域水环境管理技术体系，在"十一五"攻关的基础上，在"十二五"期间，课题在研发流域水生态风险识别、累积风险评估技术、效应评估、风险表征和预警等关键技术的基础上，形成流域水生态风险分类、分区和分级成套技术，构建流域水生态风险评估和预警技术体系，构建流域或重点示范区开展技术示范和业务化运用，形成我国水环境质量改善能力，提高我国水生态风险评估与预警综合能力，完善我国水环境质量目标管理技术体系
	技术方法原理或公式	定量指标标准时借鉴有关历史资料、相关研究成果与国家适用标准，通过多区域对比分析确定，各具体指标评分在公众参与基础上由专家评判完成。根据评估结果，运用 ArcGIS 聚类分析功能，从高到低依次划分为" I 级、II 级、III 级、IV 级、V 级"5 个级别，用于分析各评估要素的空间分布差异、度量研究范围内危险度、脆弱度及损失相对大小及程度
	技术特点	综合考虑多方面因素，进行判断指标分级

4 水生态系统健康评价技术

指标分类	指标名称	指标内容及填写说明
基本信息	技术名称	水生态系统健康评价技术
	就绪度等级	7级
	技术简介	以辽宁省境内辽河水系为研究对象，构建评价指标体系，以辽河干流及主要支流的22个监测断面为评价断面，对辽河水生态系统健康状况进行综合评价
	所属课题	辽河流域水生态功能分区与质量目标管理技术示范研究
技术内容	技术立项背景	通过流域水生态功能分区理论与方法，流域水生态承载力计算技术，流域污染物总量分配技术，控制单元水质目标管理技术，流域水生态系统模拟技术与水生态系统健康评价技术的应用实施，将流域水生态功能分区及水质目标管理进行示范推广，从保护和恢复水生态系统健康的角度，实现辽河水生态功能分区及水质目标管理，为政府部门制定决策、规划发展及环保部门设计流域发展规划及水质目标管理技术起到示范作用，并为全国其他流域实施水生态功能分区及水质目标管理起到示范作用
	技术方法原理或公式	采用多指标评价法构建评价指标体系，采用改进的灰色关联度法作为判别各评价断面水生态系统健康状况的评价方法
	技术流程	①对评价断面及评价指标进行归一化处理；②计算评价断面内5个评价等级相应评价标准间的绝对差；③求出5个评价等级所有指标的最小绝对差及最大绝对差；④依次计算评价断面内各指标值与相应评价标准的关联系数；⑤结合每个指标的权重系数依次计算各断面与5个评价等级的灰色关联值；⑥依据最大隶属度原则，评判各断面的健康等级；
	技术特点	对灰色关联度法进行改进

5　水体累积生态风险评估技术

指标分类	指标名称	指标内容及填写说明
基本信息	技术名称	水体累积生态风险评估技术
	就绪度等级	5 级
	技术简介	累积生态风险评估主要借鉴美国 EPA 生态风险评估与人体健康风险评估框架，围绕我国典型流域风险问题以及特征污染物，以"长时间、低剂量、慢性毒性"为主要风险特征，开展水体累积生态风险评估技术研究
	所属课题	流域水质安全评估与预警管理技术研究
	技术立项背景	累积生态风险是指人类开发活动中排放的微量污染物经过长期积累到一定程度后，产生急剧生态系统退化或累积毒性效应，并最终危及人类健康，这种风险在短期内无明显表现，但对人类健康、生态安全却具有长远的影响
技术内容	技术方法原理或公式	风险问题识别阶段生态系统组成和结构，甄别风险污染物；风险分析阶段以单物种毒性测试数据为基础的物种敏感度分布曲线法（SSD）进行风险污染物的生态效应阈值的计算，使用蒙特卡罗方法进行 SSD 曲线的构建与分析；风险表征阶段应用点评估或概率评估，得出风险等级，当数据、信息资料不足时，应用概率评价
	技术流程	水体累积生态风险评估包括风险问题识别、风险分析、风险表征
	技术特点	水体累积生态风险评估分为三个阶段

6　水体累积性生态风险评估技术

指标分类	指标名称	指标内容及填写说明
基本信息	技术名称	辽河流域典型行业优控有毒有害污染物筛查技术
	成熟度等级	7级
	技术简介	针对辽河流域石化、化工、制药、冶金、印染行业等典型企业，通过现场调查和监测，阐明有毒有害污染物的种类、强度及排放特征，建立污染源清单；应用化学污染物风险评价的程序方法，对典型有毒有害污染物清单中具有潜在生态和健康风险的污染物进行排序，筛选优控污染物，构建重点防控污染物清单
	所属课题	辽河流域有毒有害污染物污染控制技术与应用示范研究
技术内容	技术立项背景	"十一五"期间，辽河干流水质得到较大改善，但仍面临较大压力，重污染行业（主要包括化工、制药、冶金、石化、印染）中的特征有毒有害污染物的削减还没有得到足够的关注。需要针对水污染源优控污染物的筛选技术不成熟等问题制定典型行业优控有毒有害污染物筛查技术
	技术方法原理或公式	采用改进潜在危害指数法，在考虑化学物质毒效应基础上，综合考虑化学物质的检出浓度和检出率，计算加权平均值，通过分值比较，判断该化学物质是否为特征污染物
	技术流程	(1)企业源解析，建立优控污染物初筛清单； (2)计算参数，对潜在危害指数、检出浓度赋值； (3)对赋值结果进行加和，得到污染物总得分，依据总得分大小，对污染物进行排序； (4)根据排序结果，确定优控污染物清单
	技术特点	通过对典型行业有毒有害污染物源识别及排放特征研究，采用改进潜在危害指数法建立污染源清单和典型行业优控污染源清单

7 生态风险评估技术

指标分类	指标名称	指标内容及填写说明
基本信息	技术名称	流域水环境优控污染物筛选技术
	成熟度等级	5 级
	技术简介	对流域水环境有机污染物、重金属和复合污染三部分污染物进行综合评价，确立流域水环境污染物的优先级
	所属课题	重点流域优控污染物水环境质量基准研究
技术内容	技术立项背景	流域优控污染物筛选大多以有机污染物为主，在重金属及复合污染物筛选方法上，仍有不足
	技术方法原理或公式	根据各国已公布的优控清单、流域特征污染物清单，定量污染物定性，流域污染事件报告确立流域优控污染物的初始清单。依据国内外相关毒性数据库，对清单中污染物进行评价，结合污染物毒性及持久性、累积性进行评分，给合污染物的毒性效应、生态效应和环境暴露状况进行综合评分
	技术流程	建立优控污染物初始清单；计算污染物毒性得分、生态效应得分；进行污染物筛选综合排序；建立优控污染物推荐清单
	技术特点	建立污染物毒性数据的分级及综合评价方法，在环境暴露评估中综合考虑了污染物在水体、沉积物及水生生物中的暴露状况

参 考 文 献

[1] 徐志璐. 辽河流域水污染状况及对策研究 [D]. 长春：吉林大学，2014.

[2] 杜鑫，许东，付晓，等. 辽河流域辽宁段水环境演变与流域经济发展的关系 [J]. 生态学报，2015，35（06）：1955-1960.

[3] 刘瑞霞，李斌，宋永会，等. 辽河流域有毒有害物的水环境污染及来源分析 [J]. 环境工程技术报，2014，4（04）：299-305.

[4] 裴淑玮，周俊丽，刘征涛. 环境优控污染物筛选研究进展 [J]. 环境工程技术学报，2013，3（04）：363-368.

[5] 高香玉，崔益斌，胡长伟，等. 太湖梅梁湾2008年有机污染物检测及环境影响度 [J]. 中国环境科学，2009，29（12）：1296-1300.

[6] 袁哲，许秋瑾，宋永会，等. 辽河流域水污染治理历程与"十四五"控制策略 [J]. 环境科学研究，2020，33（08）：1805-1812.

[7] 王曼丽. 基于地下水污染评价的主要污染物筛选识别方法 [D]. 北京：中国地质大学，2017.

[8] 陈雨. 河北省典型行业污染场地土壤风险筛选值拟定研究 [D]. 石家庄：河北科技大学，2019.

[9] 李沫蕊，王亚飞，滕彦国，等. 应用综合评分法筛选下辽河平原区域地下水典型污染物 [J]. 北京师范大学学报（自然科学版），2015，51（01）：64-68.

[10] 许秋瑾，李丽，梁存珍，等. 淮安某县农村饮用水源中优控污染物的筛选研究 [J]. 中国环境科学，2013，33（04）：631-638.

[11] 宋利臣，叶珍，马云，等. 潜在危害指数在水环境优先污染物筛选中的改进与应用 [J]. 环境科学与管理，2010，35（09）：20-22.

[12] 钟文珏，王东红，徐小卫，等. 再生水中优先控制有毒污染物的筛查方法 [J]. 中国环境科学，2011，31（02）：332-339.

[13] 韦舒，陈大地，王阳. 广西沿江某市饮用水水源保护区污水直排口点源污染分析及治理措施研究 [J]. 中国资源综合利用，2019，37（03）：62-66.

[14] 李沫蕊，王韦舒，任姝娟，等. 运用改进综合评分法筛选典型污染物的研究——以大武水源地地下水典型污染物筛选为例 [J]. 环境污染与防治，2014，36（11）：72-77.

[15] 徐景阳. 蒲河流域建立尺度综合管理体系初探 [J]. 环境保护与循环经济，2012，32（08）：73-75.

[16] 王丽. 典型乡镇饮用水源有毒污染物分布特征与健康风险评估 [D]. 广州：南方医科大学，2012.

[17] 傅德黔，孙宗光，周文敏. 中国水中优先控制污染物黑名单筛选程序 [J]. 中国环境监测，1990（05）：48-50.

[18] 叶晓亮. 徐州市荆马河重点有机污染物的筛选 [J]. 环境科学技术，1992（01）：9-14.

[19] 翟平阳，刘玉萍，倪艳芳，等. 松花江水中优先污染物的筛选研究 [J]. 北方环境，2000（03）：19-21.

[20] 郑庆子，祝琳琳. 松花江吉林江段优先控制污染物筛选 [J]. 环境科技，2012，25（04）：68-70.

[21] 李奇锋，吕永龙，王佩，等. 基于环境风险排序的流域优先污染物筛选 [J]. 环境科学，2018，39（10）：4472-4478.

[22] 叶玉龙，吴云，季海峰，等. 上海市金山区地表水优先控制挥发性有机污染物的筛选 [J]. 中国卫生检验杂志，2018，28（04）：393-395.

[23] 王立阳，李斌，李佳熹，等. 沈阳市典型城市河流优先控制污染物筛选及生态环境风险评估 [J]. 环境科学研究，2019，32（01）：25-34.

[24] 周秀花. 永定河流域表层水体中有机污染物筛查及潜在风险研究 [D]. 武汉：中南民族大学，2019.

[25] 杜士林. 沙颍河流域水环境优控污染物筛选及潜在生态风险评价研究 [D]. 桂林：桂林理工大学，2020.

[26]　朱韻洁，朱晓艳，林英姿，等．辽东湾优先控制污染物的筛选［J］．环境工程技术学报：1-10．

[27]　郝天，杜鹏飞，杜斌，等．基于 USEtox 的焦化行业优先污染物筛选排序研究［J］．环境科学，2014，35（01）：304-312．

[28]　刘铮，曹婷，王瑶，等．行业全过程水特征污染物和优控污染物清单筛选技术研究及其在常州市纺织染整业的应用［J］．环境科学研究，2020，33（11）：2540-2553．

[29]　任幸，于洋，郑玉婷，等．基于风险的 Football 组合法在筛选农用地优先控制酞酸酯类污染物的应用［J］．生态毒理学报，2019，14（02）：195-205．

[30]　孟洁，肖咸德，卢志强，等．橡胶制品行业优控物质分析及控制对策研究［J］．环境科学研究，2021，03（26）：1001-6929．

[31]　唐才明，金佳滨，彭先芝．环境污染物计算毒理学分析及环境行为模拟研究进展［J］．环境监控与预警，2016，8（02）：1-8．

[32]　陈晓景．白洋淀水中有机污染物的分析研究［D］．保定：河北大学，2009．

[33]　姜福欣．河口区域有机污染物的特征分析［D］．北京：北京化工大学，2006．

[34]　Singh A V，Kaclock R J，Richard A M，et al. Computational toxicology ［M］．In Comprehensive Toxicology. Znd ed. Oxford：Elsevier Press，2010，307-337．

[35]　US EPA. A Framework for a computational toxicology research program ［R］．US Environmental Protection Agency，Office of Research and Development，Washington，DC，2003．［215-08-10］．

[36]　Card M L，Gomez A V，Lee W H ，et al. History of EPI Suite^{TM} and future perspectives on chemical property estimation in US Toxic Substances Control Act new chemical risk assessments ［J］．Environmental Science. Processes & Impacts，2017，19（3）．

[37]　Sneha B H，Terry S A，David R T. et al. comparison of Cramer classification between Toxtree，the OECD QSAR Toolbox and expert judgment ［J］．Regulatory Toxicology and Pharmacology，2015，71（1）．

[38]　高雅，姚碧云，周宗灿．应用 Toxtree 平台预测中草药重要成分的毒理学关注阈值［J］．毒理学杂志，2015，29（06）：402-405．

[39]　高雅，姚碧云，周宗灿．QSAR 方法预测中草药重要成分毒性的初步评价［J］．毒理学杂志，2016，30（05）：329-333．

[40]　Maunz A，Gütlein M，Rautenberg M，et al. Lazar：a modular predictive toxicology framework. ［J］．Frontiers in Pharmacology，2013，4．

[41]　Natalie A S，Eldrin F L，James C F. The frailty syndrome and outcomes in the TOPCAT trial ［J］．European Journal of Heart Failure，2018，20（11）．

[42]　Evelyn M L，Carlton A T ，Carlos H T，et al. Structure-based drug design，molecular dynamics and ADME/Tox to investigate protein kinase anti-cancer agents ［J］．Current Bioactive Compounds，2017，13（3）．

[43]　Franck E D，Stacy N A. Predicting the activity of the natural phytotoxic diphenyl ether cyperine using comparative molecular field analysis ［J］．Pest Management Science，2000，56（8）．

[44]　陈岚，史惠祥，汪大，等．河流致突变致畸致癌有机污染物的控制对策［J］．环境保护，2002（09）：34-36．

[45]　Rudik A V，Bezhentsev V M，Dmitriev A V，et al. MetaTox：web application for predicting structure and toxicity of xenobiotics metabolites ［J］．Journal of Chemical Information and Modeling，2017，57（4）．

[46]　Honarvar D T，Kolle S W，Teubner K G ，et al. Peptide reactivity associated with skin sensitization：a comparison of the DPRA with the QSAR Toolbox and TIMES-SS ［J］．Toxicology Letters，2015，238（2）．

[47]　Romualdo B N，Joop D K. The future of the QSAR Toolbox：moving to less uncertainty in predictive toxicology ［J］．Toxicology Letters，2014，229．

[48]　Shobhit K T, Dilip K S, Mayurbhai K Lr, et al. Study of degradation behaviour of montelukast sodium and its marketed formulation in oxidative and accelerated test conditions and prediction of physicochemical and ADMET properties of its degradation products using ADMET Predictor™ [J]. Journal of Pharmaceutical and Biomedical Analysis, 2018, 158.

[49]　史少泽, 王旗. 两毒性预测软件应用于中药成分毒性预测的验证分析 [J]. 中国新药杂志, 2016, 25 (23): 2647-2652.

[50]　Okudaira K. F. Concomitant dosing of famotidine with a triple therapy increases the cure rates of helicobacter pylori infections in patients with the homozygous extensive metabolizer genotype of CYP2C19 [J]. Alimentary Pharmacology & Therapeutics, 2005, 21 (4).

[51]　Howard P H, Muird C G. Identifying new persistent and dioaccumulative organics among chemicals in commerce [J]. Environmental Science & Technology, 2011, 45 (16): 6938-6946.

[52]　Howard P H, Muird C G. Identifying new persistent and bioaccumulative organics among chemicals in commerce [J]. Environmental Science & Technology, 2013, 47 (0): 5259-5266.

[53]　王红. 有机物定量结构-性质/活性关系 (QSAR) 结合 T. E. S. T 软件评估氯代苯类化合物毒性初步研究 [D]. 兰州: 西北师范大学, 2010.

[54]　罗昊, 黄亮, 马颖怡, 等. 流域水环境累积性风险评价研究 [J]. 环境科学与管理, 2017, 42 (05): 189-194.

[55]　王毅, 魏江超, 孙启元, 等. 基于 ARIMA-ANN 模型的生态安全评价及预测——以河西走廊城市群为例 [J]. 生态学杂志, 2020, 39 (01): 326-336.

[56]　金晶, 董伟, 俞凌云, 等. EPIsuite 对皮革行业化学品持久性有机污染评价的应用研究 [J]. 皮革与化工, 2016, 33 (06): 15-19.

[57]　周伟, 张跃恒, 高丹, 等. 503 种储运过程常见化学品的安全管控浓度的计算——基于化学品对藻类的环境风险评价 [J]. 环境化学, 2020, 39 (01): 207-219.

[58]　Zhou Y, Meng J, Zhang M, et al. Which type of pollutants need to be controlled with priority in wastewater treatment plants: traditional or emerging pollutants? [J]. Environment International, 2019, 131.

[59]　石建省, 王昭, 张兆吉, 等. 华北平原地下水有机污染特征初步分析 [J]. 生态环境学报, 2011, 20 (11): 1695-1699.

[60]　李庆. 地下水中有机污染物的筛选方案研究 [D]. 北京: 中国地质大学, 2015.

[61]　王莹, 王菊英, 穆景利. 计算毒理学在海洋溢油事故特征污染物甄选中的应用研究 [J]. 海洋与湖沼, 2015, 46 (01): 27-34.

[62]　于喜鹏, 宋绵, 张文静. 污染源半定量化的地下水有机污染风险评价——以城区典型排污河周边地下水为例 [J]. 中国环境科学, 2015, 35 (06): 1709-1718.

[63]　王莉, 王玉平, 卢迎红, 等. 辽河流域浑河沈阳段地表水重点控制有机污染物的筛选 [J]. 中国环境监测, 2005 (06): 59-62.

[64]　王迪, 由昆, 傅金祥, 等. 缫丝加工行业污染物自动监测指标优化与筛选 [J]. 环境科学与技术, 2014, 37 (04): 103-106.

[65]　张晓孟, 李斌, 刘瑞霞, 等. 太子河水系印染行业重点污染河段优先控制污染物的确定 [J]. 环境工程学报, 2015, 9 (04): 2007-2013.

[66]　张晓孟, 李斌, 单永平, 等. 辽河流域印染行业重点排污河段有机污染物的定性分析 [J]. 环境工程技术学报, 2013, 3 (06): 519-526.

[67]　可欣, 包清华, 黄晓妍, 等. 辽河保护区表层沉积物风险污染物质清单筛选研究 [J]. 中国环境科学, 2017, 37 (08): 3107-3113.

[68] 王俭，韩婧男，王蕾，等．基于水生态功能分区的辽河流域控制单元划分［J］．气象与环境学报，2013，29（03）：107-111.

[69] 惠婷婷．水污染控制单元划分方法及应用［D］．沈阳：辽宁大学，2011.

[70] 金陶陶．流域水污染防治控制单元划分研究［D］．哈尔滨：哈尔滨工业大学，2011.

[71] 雷坤，孟伟，乔飞，等．控制单元水质目标管理技术及应用案例研究［J］．中国工程科学，2013，15（03）：62-69.

[72] 邓富亮，金陶陶，马乐宽，等．面向"十三五"流域水环境管理的控制单元划分方法［J］．水科学进展，2016，27（06）：909-917.

[73] 徐志璐．辽河流域水污染状况及对策研究［D］．长春：吉林大学，2014.

[74] 张鹤．辽河流域控制单元划分与典型污染物识别［D］．沈阳：辽宁大学，2011.

[75] 梁冬梅．小流域面源污染特征与控制技术研究［D］．长春：吉林大学，2014.

[76] 齐星宇．辽河上游面源污染负荷估算及评价［D］．沈阳：辽宁大学，2019.

[77] 丁浩东，万红友，秦攀，等．环境中有机磷农药污染状况、来源及风险评价［J］．环境化学，2019，38（03）：463-479.

[78] 丁大宇．辽河 PJ 段水体污染特征和自净行为研究［D］．大连：大连理工大学，2015.

[79] 史美玲．辽河 PJ 段废水污染物减排对水环境质量的影响［D］．沈阳：沈阳理工大学，2020.

[80] 谢颖斯，朱云，许嘉钰，等．基于测点环境浓度影响的点源应急强化减排分析［J］．环境科学学报，2014，34（08）：1912-1921.

[81] 尚惠华，金洪钧，于红霞．有机毒物污染点源废水排放控制和风险管理的现状与建议［J］．给水排水，2002（02）：47-51.

[82] 王琼，卢聪，韩青，等．太子河流域生境质量及其与社会经济的关系［J］．生态学杂志，2017，36（10）：2917-2925.

[83] 罗倩．辽宁太子河流域非点源污染模拟研究［D］．北京：中国农业大学，2013.

[84] 胡悦．太子河本溪城区段河流水生态系统问题诊断与修复方案研究［D］．沈阳：辽宁大学，2017.

[85] 富天乙，邹志红，王晓静．基于多元统计和水质标识指数的辽阳太子河水质评价研究［J］．环境科学学报，2014，34（02）：473-480.

[86] 成东艳．柴河水库水质现状及点、面源污染状况分析［J］．环境保护与循环经济，2008（07）：50-52.

[87] 邢景敏，张后辉．城市生活污水治理问题及对策探析［J］．环境与发展，2019，31（07）：52.

[88] 曹小磊，荆勇，赵玉强，等．辽河沈阳段水质现状及面源污染特征分析［J］．水电能源科学，2018，36（02）：43-46.

[89] 王羽．不同暴露途径下有机污染物对大、小鼠急性毒性关系研究［D］．长春：东北师范大学，2016.

[90] 胡冠九．环境优先污染物简易筛选法初探［J］．环境科学与管理，2007（09）：47-49.

[91] 青达罕，许宜平，王子健．基于环境逸度模型的化学物质暴露与风险评估研究进展［J］．生态毒理学报，2018，13（06）：13-29.

[92] 陶玉强，赵睿涵．持久性有机污染物在中国湖库水体中的污染现状及分布特征［J］．湖泊科学，2020，32（02）：309-324.

[93] 刘宝林．松花江流域（吉林省部分）水环境持久性污染物的环境特征［D］．长春：吉林大学，2013.

[94] 员晓燕，杨玉义，李庆孝，等．中国淡水环境中典型持久性有机污染物（POPs）的污染现状与分布特征［J］．环境化学，2013，32（11）：2072-2081.

[95] 刘建国，唐孝炎，胡建信．持久性生物累积性有毒污染物与国际相关控制策略和行动［J］．环境保护，2003（04）：52-56.

[96] 王威. 浅层地下水中石油类特征污染物迁移转化机理研究 [D]. 长春：吉林大学，2012.

[97] 刘娴，闻洋，赵元慧. 有机污染物土壤吸附预测模型及其影响因素 [J]. 环境化学，2013，32（07）：1199-1204.

[98] 陈岚，史惠祥，汪大，等. 河流致突变致畸致癌有机污染物的控制对策 [J]. 环境保护，2002（09）：34-36.

[99] 郑相宇，张太平，刘志强，等. 水体污染物"三致"效应的生物监测研究进展 [J]. 生态学杂志，2004（04）：140-145.

[100] 周文敏，傅德黔，孙宗光. 中国水中优先控制污染物黑名单的确定 [J]. 环境科学研究，1991（06）：9-12.

[101] 刘臣辉，付玲玲，申雨桐，等. 欧盟水框架指令优先污染物筛选方法的应用 [J]. 环境工程，2015，33（10）：126-129.

[102] ACGIH 2010 年工作场所化学物质阈限值名单（一）[J]. 职业卫生与应急救援，2010，28（06）：289-292.

[103] ACGIH 2010 年工作场所化学物质阈限值名单（续1）[J]. 职业卫生与应急救援，2011，29（01）：8-11.

[104] ACGIH 2010 年工作场所化学物质阈限值名单（续2）[J]. 职业卫生与应急救援，2011，29（02）：64-67.

[105] ACGIH 2010 年工作场所化学物质阈限值名单（续3）[J]. 职业卫生与应急救援，2011，29（03）：121-124.

[106] ACGIH 2010 年工作场所化学物质阈限值名单（续4）[J]. 职业卫生与应急救援，2011，29（04）：176-179.

[107] ACGIH 2010 年工作场所化学物质阈限值名单（续完）[J]. 职业卫生与应急救援，2011，29（06）：287-290.

[108] 王宏，杨霓云，闫振广，等. 我国持久性、生物累积性和毒性（PBT）化学物质评价研究 [J]. 环境工程技术学报，2011，1（05）414-419.

[109] 王少岩. PCBs 土壤污染风险及土壤吸附机制研究 [D]. 杭州：浙江大学，2006.

[110] 左平春，于洋，张楠，等. 农药环境风险评估中常用的计算毒理学模型软件 [J]. 生态毒理学报，2017，12（04）98-109.

[111] 王思怿，范宾. TOPKAT 和 TEST 软件在化学物毒性预测中的应用 [J]. 职业卫生与应急救援，2017，35（01）1-5＋72.

[112] 唐睿，张松林，梁云明，等. 毒性评估软件 TEST 及其在农业污染化合物 QSAR 研究中的应用 [J]. 安徽农业科学，2010，38（36）20878-20879＋20882.

[113] 刘赟. 三种 QSAR 预测软件在化学品生态风险分类管理中的应用研究 [D]. 上海：华东理工大学，2012.

[114] Boethling R S, Costanza J. Domain of EPI suite biotransformation models [J]. SAR and QSAR in Environmental Research，2010，21（5-6）.

[115] Ralph K, Ebert R, Gerrit S. Estimation of compartmental half-lives of organic compounds-structural similarity versus EPI-suite [J]. QSAR & Combinatorial Science，2007，26（4）.

[116] Helma C, David V, Denis G, et al. Modeling chronic toxicity: a comparison of experimental Variability With (Q) SAR/read-across predictions [J]. Frontiers in Pharmacology，2018，9.